人類的誕生與演化軌跡

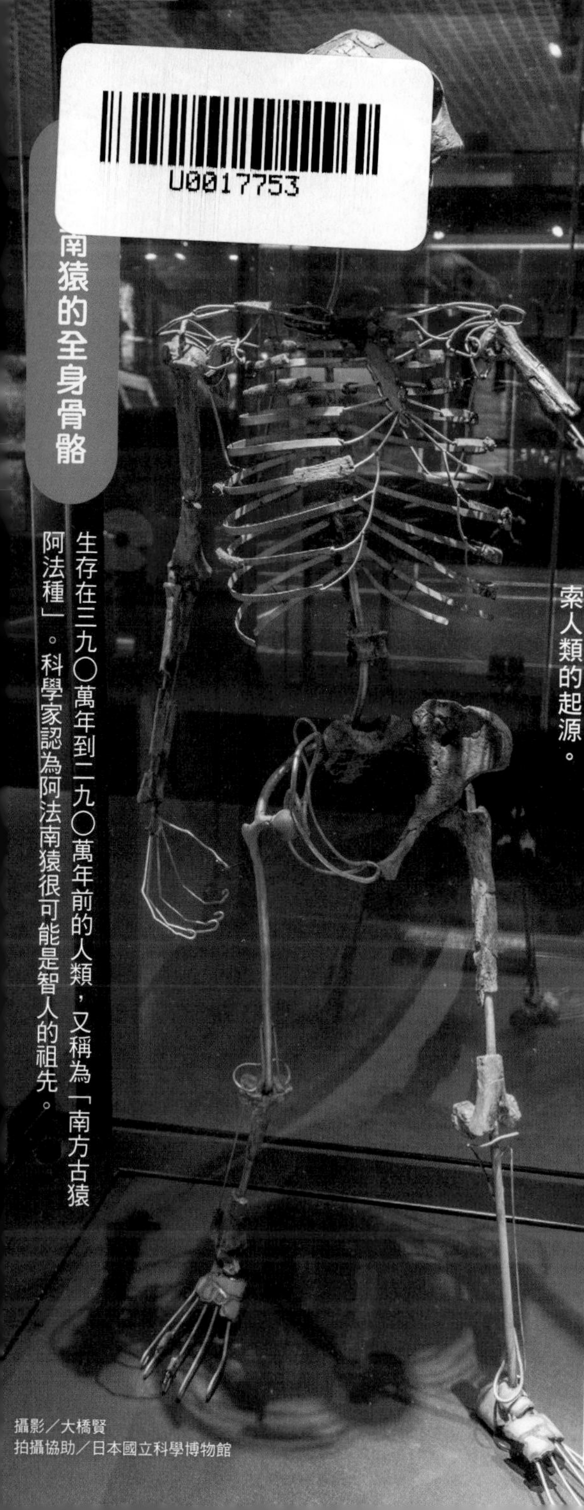

南猿的全身骨骼

從最原始的人類出現，到現在大約七百萬年之間，人類持續演化，有些人種最終迎來了滅絕的命運。直到大約二十萬年前，現代人類的祖先「智人」終於誕生。現在，就讓我們一起探索人類的起源。

生存在三九〇萬年到二九〇萬年前的人類，又稱為「南方古猿阿法種」。科學家認為阿法南猿很可能是智人的祖先。

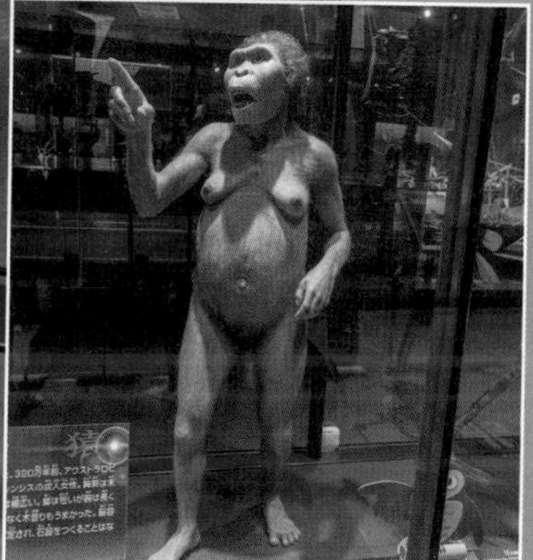

▲ 女性阿法南猿的復原人像，名為「露西」。

攝影／大橋賢
拍攝協助／日本國立科學博物館

人類演化七百萬年系統圖

人類學家認為在這七百萬年之間出現的人類超過二十種，接下來依年代順序，介紹各人種代表範例的特徵與演進過程。

初期猿人

約700萬年前
查德沙赫人

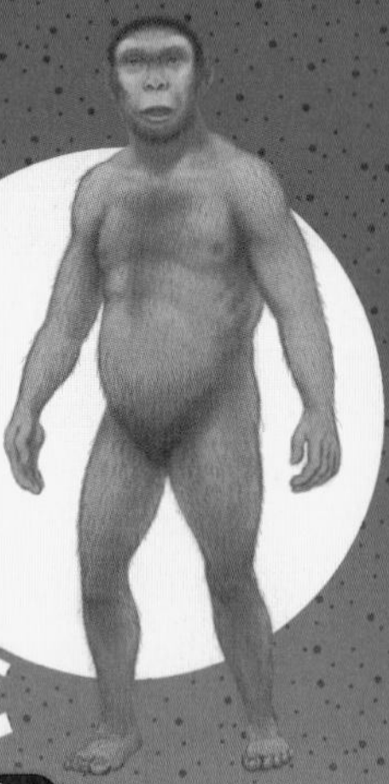

被視為是最早的人類祖先，但腦容量與黑猩猩沒有太大的差異。亦被稱為「查德人猿」。

約600萬年前
圖根原人

約580萬年前
卡達巴地猿

約440萬年前
始祖地猿

又稱拉米達地猿。雖是最初直立雙足行走的人類，但腳掌形狀與黑猩猩有許多共通點。

猿人

約420萬年前
湖畔南方古猿

約390萬年前
阿法南猿

人類學家認為阿法南猿直立雙足行走的速度與現代人類幾乎相同，不過，他們無法長距離行走。

約300萬年前
非洲南方古猿

約250萬年前
驚奇南方古猿

約200萬年前
南方古猿源泉種

※←代表學界認為兩者之間有關聯。←⋯代表沒有證據證實兩者為相關人種。不同研究學者對於種與種之間的關聯有不同看法。

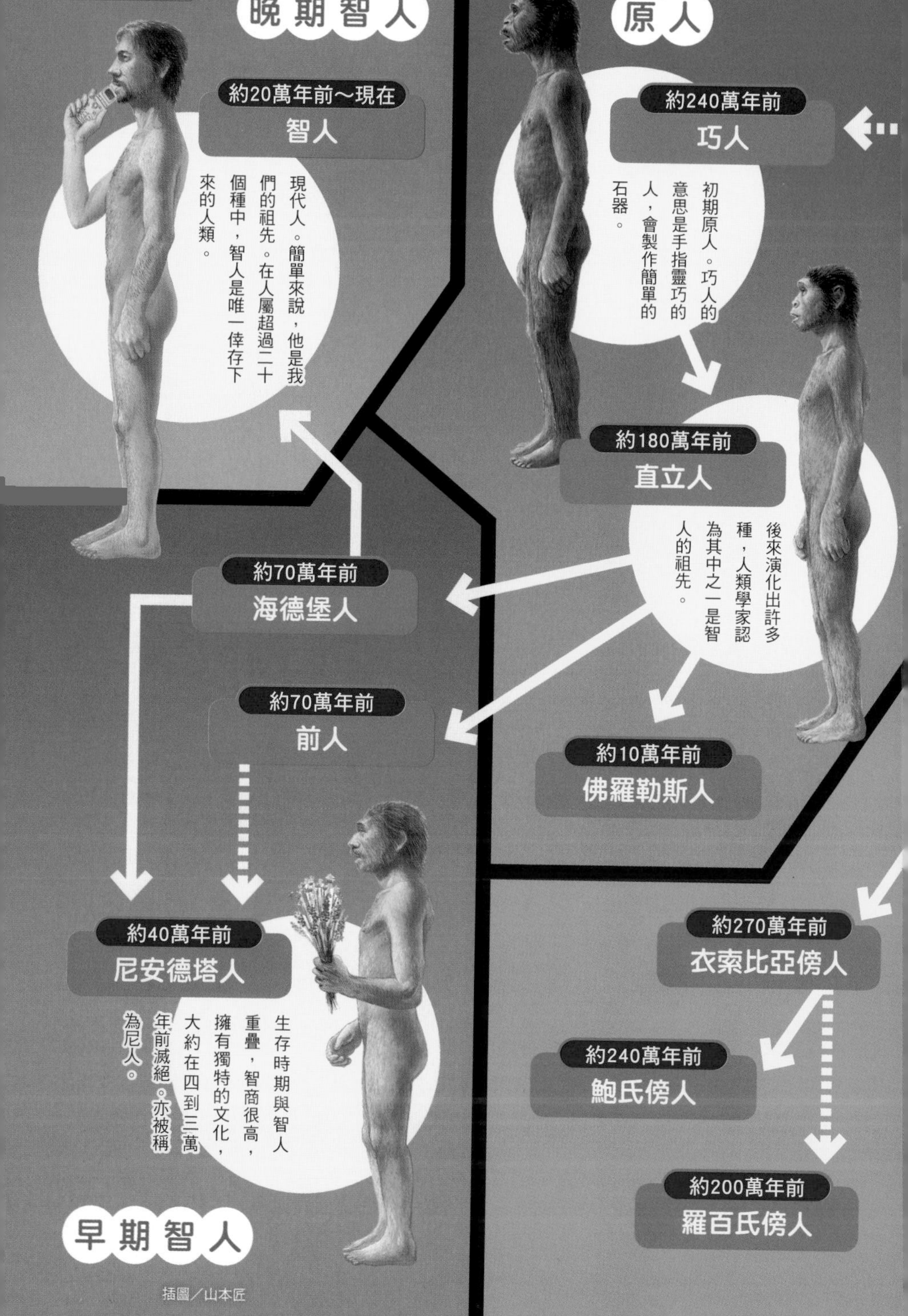
晚期智人
約20萬年前～現在
智人
現代人。簡單來說，他是我們的祖先。在人屬超過二十個種中，智人是唯一倖存下來的人類。
原人
約240萬年前
巧人
初期原人。巧人的意思是手指靈巧的人，會製作簡單的石器。
約180萬年前
直立人
後來演化出許多種，人類學家認為其中之一是智人的祖先。
約70萬年前
海德堡人
約70萬年前
前人
約10萬年前
佛羅勒斯人
約40萬年前
尼安德塔人
生存時期與智人重疊，智商很高，擁有獨特的文化，大約在四到三萬年前滅絕。亦被稱為尼人。
早期智人
約270萬年前
衣索比亞傍人
約240萬年前
鮑氏傍人
約200萬年前
羅百氏傍人
插圖／山本匠

人類腦容量的演化過程

人類自從演化出直立雙足行走的型態後，脊椎負責支撐沉重的頭部，腦容量也不斷增加。

初期猿人 約350ml

以查德沙赫人為例

雖然姿勢並不完整，卻是人類學家認為最早站立走路的初期猿人。遺憾的是，腦容量與黑猩猩相同。

插圖／山本匠

猿人 約500ml

以鮑氏傍人為例

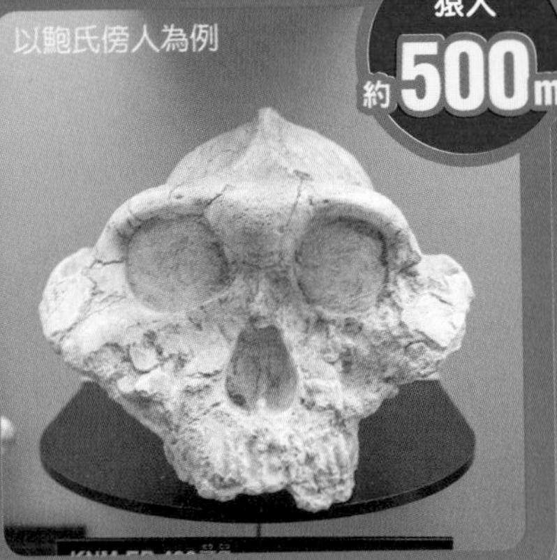

400 萬年前出現的猿人，腦容量比過去的人類大，但只有智人的 1/3 左右。

攝影／大橋賢
拍攝協助／日本國立科學博物館

早期智人 約1500ml

以尼安德塔人為例

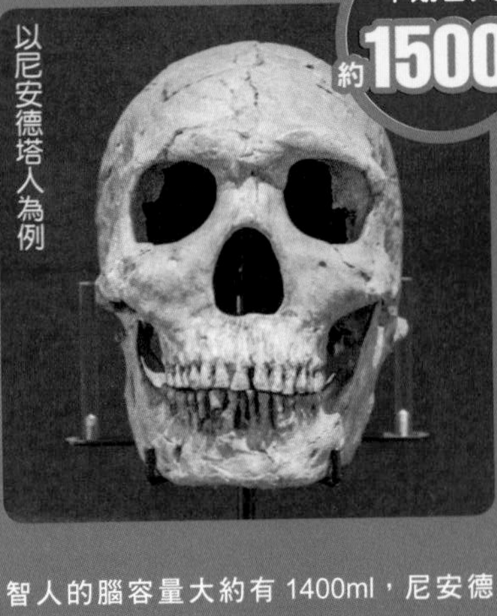

智人的腦容量大約有 1400ml，尼安德塔人的腦容量比智人大。

攝影／大橋賢　拍攝協助／日本國立科學博物館

原人 約850ml

以直立人（匠人）為例

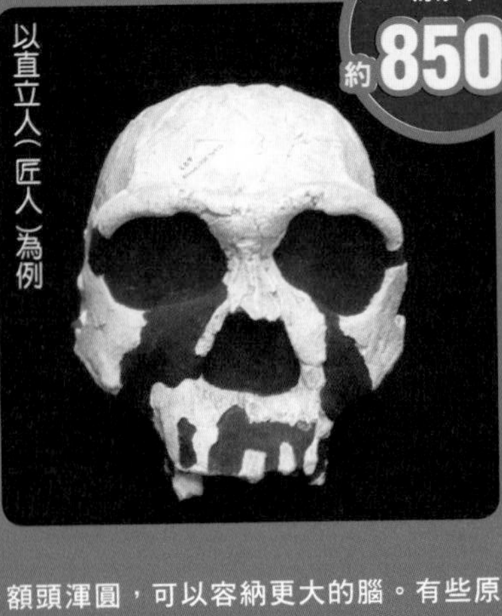

額頭渾圓，可以容納更大的腦。有些原人的腦容量超過 1000ml。

攝影／河野禮子

哆啦A夢科學任意門

DORAEMON SCIENCE WORLD

人類演化追蹤槍

哆啦A夢科學任意門

人類演化追蹤槍

目錄

影像提供／Shutterstock

關於這本書

這是一本可以一邊閱讀哆啦A夢漫畫，一邊學習最新科學知識，一次滿足兩種需求的書籍。

本書先以漫畫點出科學主題，再進一步解說相關原理。其中也包含艱澀難懂的科學理論，但我們根據各種研究結果，盡可能以淺顯易懂的方式解說，希望能讓大家充分了解人類進化的奧祕。

我們人類究竟如何誕生？如何演化？這些都是與我們息息相關的議題，卻有許多謎團尚未解開。話說回來，人類的祖先「人」與「猿」究竟有何差異？人又是從何時進化成人類？人類在什麼契機下演化出直立雙足行走的型態？如何學會製造和使用工具與火？人類的祖先又是在什麼樣的狀態下從誕生地非洲走向全球？

根據DNA（遺傳指令）等最新研究成果，我們得以一步步解開智人和人類祖先之謎。

歡迎各位一起閱讀哆啦A夢漫畫，同時學習人類起源和演化的種種知識。

※未特別載明的數據，皆為二〇一八年七月的資訊。

底圖提供／Shutterstock

吼啊！
長毛象出現了。

我要回去了啦！
再等一會。

生日

這樣我就不想做了。
一直叫我唸書，老是說同樣的話。
現在也是，我好不容易有心要做…
被媽媽這麼一說，反而就不想做了。
希望妳更相信我一點啊！
那麼，不管你的話，你就會自己做囉？
當然!!
那就隨你高興吧！

我的
去玩吧！

人類演化追蹤槍Q&A

Q 在所有猿猴中，僅有部分類人猿會使用工具。這是真的嗎？

A 假的。棲息在南非的黑帽捲尾猴會用石頭敲開堅硬的樹木果實。

是昭和三十九年八月七日是吧？
是我家十年前的樣子。
這裡原本是爸爸的房間啊……
還沒有破損和塗鴉呢！
為什麼都沒人啊？
可是……
沒有父母，我要怎麼出生呢？
果然是撿來的吧？
嗚啊～
騙你的啦！
他們一定在醫院啦！

ドタ ドタ ドタ ドタ
※急急忙忙
在哪裡？在哪裡？
啊！是爸爸耶!!
果然年輕了十歲啊！
你是誰？
咦？
竟然忘記自己的小孩！
別這樣。
因為你還沒出生啊！
？
剛才是怎麼回事？
不對！更重要的是…
剛出生的嬰兒在哪裡啊？
我接到電話…
才急急忙忙從公司趕回來的！

人類演化追蹤槍Q&A

Q 紅毛猩猩、大猩猩、黑猩猩全都是以跖行（以前肢跖骨著地走路）方式行走。這是真的嗎？

A 假的。大猩猩與黑猩猩以跖行方式行走，紅毛猩猩在地面走的時候會握拳，以指關節根部外側觸地行走。

人類演化追蹤槍Q&A

Q 與其他猿猴相較，人類的大腦額葉較大。這是真的嗎？

哇！
是爸爸喔！
好大喔！
跟媽媽好像!!
小孩在那裡啦！
哇啊～
怎麼會這麼可愛啊？
讓我看、我也要看！
咦？這是我!?
皺巴巴的，簡直像猴子啊！
什麼像猴子啊!?
剛出生的嬰兒都是長那樣啦！

A

真的。大腦額葉主司思考力和想像力，這是人類過得像人所需的必要功能。

取這個名字是希望…
他長大後能強壯得像個英雄一樣。
希望他是個好孩子。
一定會是個好孩子的！
像妳的話，就一定成績優秀、平易近人。
像你的話，就會是十項全能的運動員吧！
好像只遺傳到兩方的缺點嘛…
會成為學者嗎？或是政治家吧？
藝術家也不錯啊！朝繪畫、雕刻、音樂發展都好。
怎樣都沒關係，只要能對社會有貢獻就行了。
體貼、勇敢、開朗、有男子氣概、強壯、公正、英俊…
我、我說啊……太過期待的話，會讓人很困擾的…

Q 從雄性紅毛猩猩的臉就能看出實力強弱，這是真的嗎？

A 真的。打架打贏的公猩猩臉頰兩側有往外突出的凸緣，打輸的公猩猩臉上沒有凸緣。

人是靈長類的一員

人類與猿從共同祖先演化成現在的樣貌！

所有生物的身體細胞內都含有DNA（遺傳指令），這就是子女都會和父母相像的原因。不過，DNA有時候會產生突變，導致孩子與父母略顯不同。

生物就是透過不斷累積突變產生演化，人類在七百多萬年前與黑猩猩擁有相同祖先，後來產生變異演化成現在的模樣。從生物學觀點來說，人類和黑猩猩是同屬於靈長類的近親。

插圖／山本匠

更猴

6000萬年前的小型哺乳類，專家認為更猴族群與靈長類祖先十分接近。

靈長類代表生物

猴科

山魈

◀出現於兩千五百萬年前左右，尾巴很短，日本獼猴屬於其中一種。

© DeA Picture Library/amanaimages

原猴類

指猴

◀出現於五千五百萬年前的原始猴類，臉上長滿毛。

© Minden Pictures/amanaimages

人科

黑猩猩

◀人類與黑猩猩是從七百萬年前開始分支的近親種。

© Christian Kober/awl images/amanaimages

廣鼻類

捲尾猴

◀出現於三千萬年前的新世界猴，特徵是鼻孔較大且間距較寬。

© Minden Pictures/amanaimages

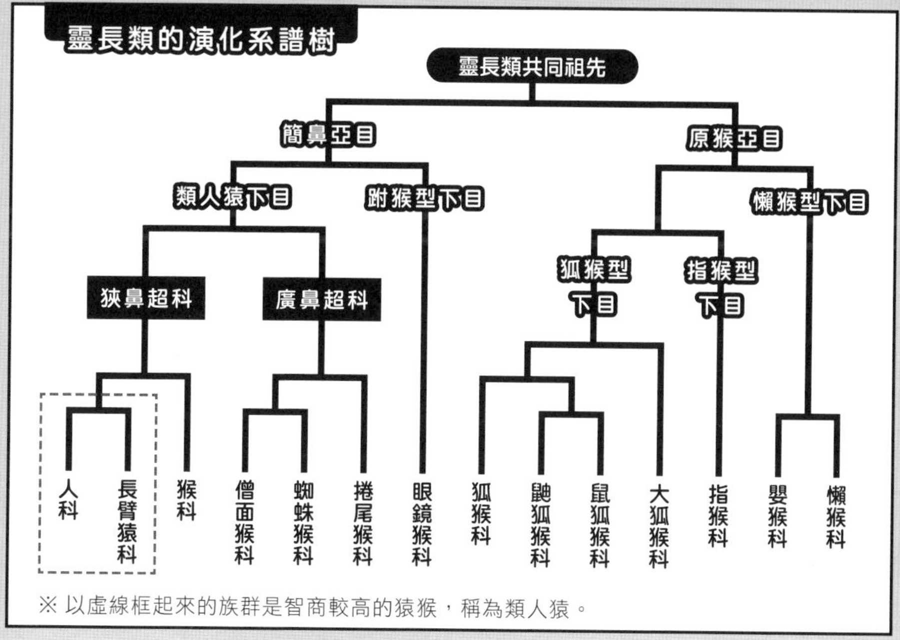

※ 以虛線框起來的族群是智商較高的猿猴，稱為類人猿。

約兩千五百萬年前狹鼻超科演化出類人猿的共同祖先！

如上表所示，靈長類經過重複的突變演化，增加了許多的物種。靈長類大約從三千萬年前分化出狹鼻超科與廣鼻超科，進而在狹鼻超科中誕生出人類的祖先。廣鼻超科的猿猴主要棲息在南美洲的森林地區，而狹鼻超科的猿猴不僅適應亞洲、非洲的森林，也能在草原、水邊等開闊的環境中自在的生活。

大約在兩千五百萬年前，在狹鼻超科中，誕生了身體與大腦比其他靈長類更大的猿猴，稱為類人猿。於是，能夠在群體中進行複雜溝通社交行為的聰明猿猴，首次出現在地球上。

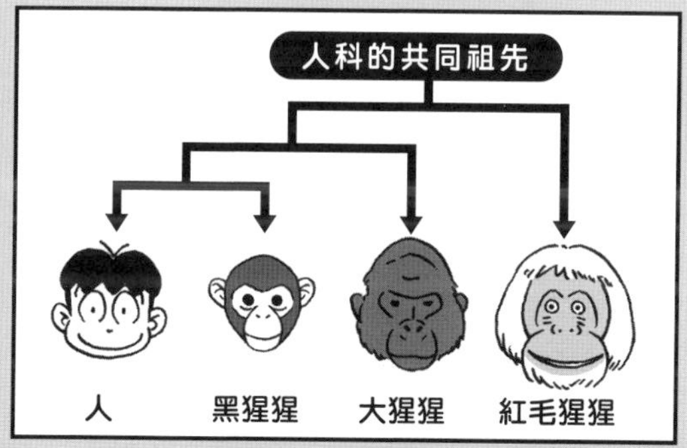

插圖／佐藤諭

▶狹鼻超科中誕生了比以往更聰明的類人猿，逐步演化成人類。

人與猿有何差異？

插圖／佐藤諭

人類以直立雙足行走和高智商的優勢，擁有廣闊的生活空間

人與猿最大的差異在於智商。人類的腦容量為黑猩猩的三倍以上，而且是從開始能夠站立行走之後，才演化出容量很大的腦。

直立雙足行走讓脊椎與地面呈垂直狀態，支撐沉重的頭部。由於其他猿猴僅靠頸骨支撐頭部，因此無法發展出容量較大的腦。直立雙足行走釋放了人類的雙手，人類開始使用工具，讓大腦更加發達。此外，直立雙足行走適合長距離移動，也是人類擴展生存領域的主要原因。

人類的骨骼

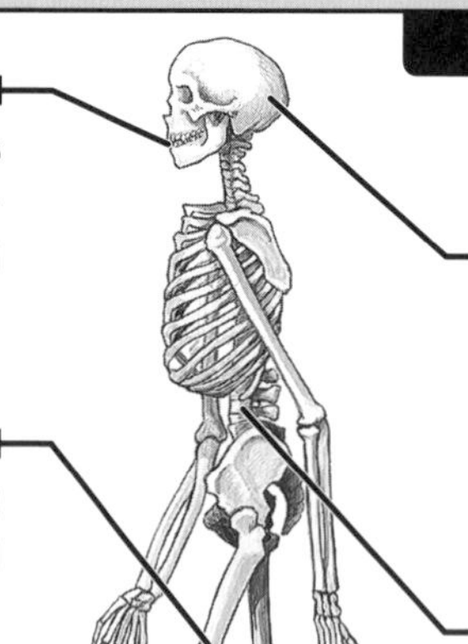

齒列

成人上下顎各有 16 顆牙齒，總計 32 顆。有些人沒有智齒，則是 28 顆。

大腿骨

為了維持站立行走的身體平衡，大腿骨朝骨盆內側伸直。

腳掌

腳底為帶有弧度的足弓，長距離行走也不會累。

腦容量

成年人類（智人）的腦容量平均為 1400 ml，將近是大猩猩的 3 倍。

脊椎

脊椎整體呈垂直狀態，從側邊看則呈現 S 型彎曲。穩定支撐沉重的頭部。

插圖／山本匠

插圖／佐藤諭

▲高度溝通能力是共享知識、分配工作不可或缺的特質。

智人具有高度溝通能力成爲優勢人種

人類擁有說話的能力，這一點也是人類與其他猿猴最大的不同。儘管聲音是透過震動聲帶在喉嚨產生共鳴發出來的，但專家認為人類站立行走，使得喉嚨內部的空間變大，才開始學會說話。我們的祖先智人的喉嚨構造適合發聲，人類從原始時代就過著集體生活，在許多狀況下，例如打獵或分配工作等都需要高度的溝通能力，這項特色成為智人最大的優點，也是種族能夠繁榮的關鍵。

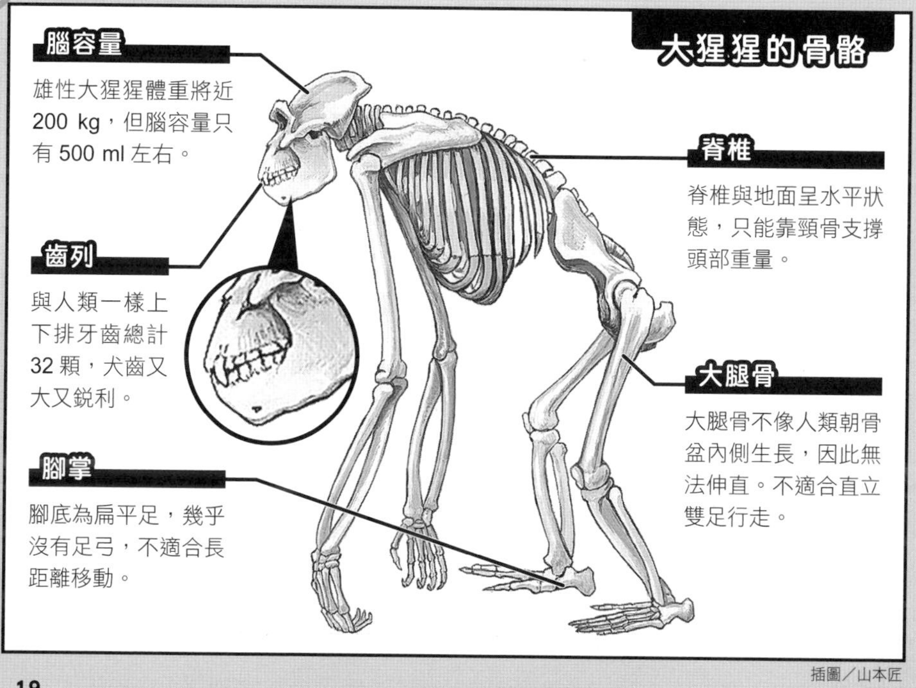
大猩猩的骨骼
腦容量
雄性大猩猩體重將近200 kg，但腦容量只有500 ml左右。
齒列
與人類一樣上下排牙齒總計32顆，犬齒又大又銳利。
腳掌
腳底為扁平足，幾乎沒有足弓，不適合長距離移動。
脊椎
脊椎與地面呈水平狀態，只能靠頸骨支撐頭部重量。
大腿骨
大腿骨不像人類朝骨盆內側生長，因此無法伸直。不適合直立雙足行走。

插圖／山本匠

人從何時進化爲人？

人類大約在七百萬年前誕生成爲與黑猩猩不同的物種

插圖／山本匠

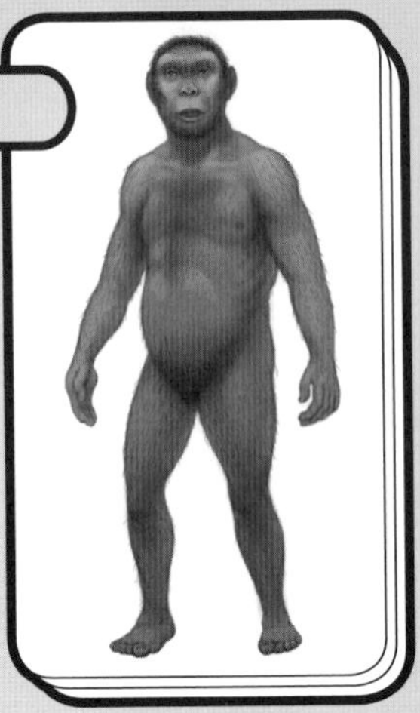

查德沙赫人

至今仍充滿謎團的最初期猿人，又名查德猿人，在查德當地被暱稱為「圖邁」（Toumaï），意指「生命的希望」。

在六千六百萬年前，當恐龍滅絕後，地球進入了哺乳類時代，靈長類祖先也持續演化。大約七百萬年前，查德沙赫人誕生。

目前只有發現查德沙赫人的頭部化石，根據化石顯示，人類最初的腦容量與黑猩猩差不多。不過，專家認為查德沙赫人有垂直生長的脊椎，很可能已經站立行走。因此，查德沙赫人是第一個公認為非猿猴的人類。

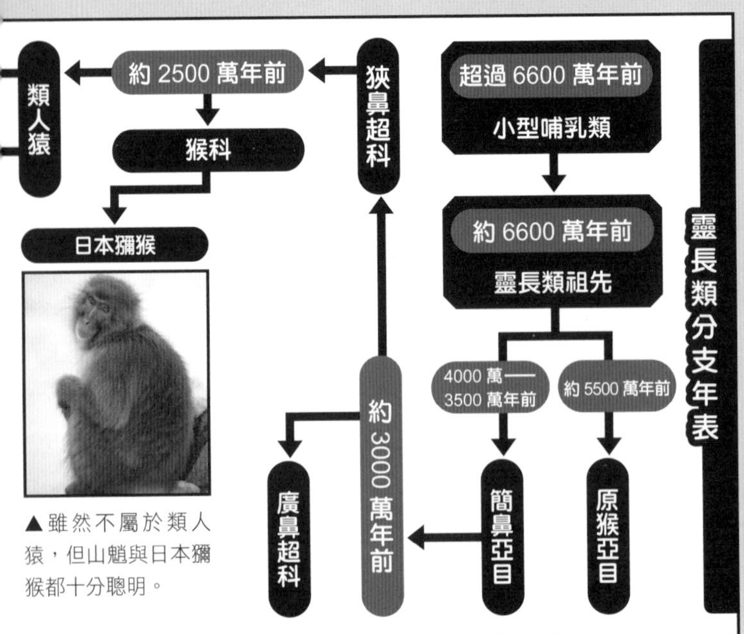

▲雖然不屬於類人猿，但山魈與日本獼猴都十分聰明。

七百萬年以來，人類近親超過二十種！

在查德沙赫人誕生之後，人類近親發展出超過二十種。不只是現代人的祖先「智人」，還包括了存在於一百八十萬年前的直立人等如今已滅絕的物種。現在地球上的人類全都是智人。如果其他種的人類也倖存下來，這個世界會是什麼樣子呢？

特別專欄

生物究竟是如何演化的？

生物透過 DNA 繁衍後代，一旦 DNA 發生突變，就會生出與父母擁有不同特徵的小孩。如果突變的結果剛好適合生存環境，就會發展出新種，然後帶著這個特徵一代一代的繁衍下去。這樣的現象稱為物種分支或演化。

◀剛開始直立雙足行走的初期人類能順利繁衍，或許要歸功可自由使用雙手的生理特徵？

插圖／佐藤諭

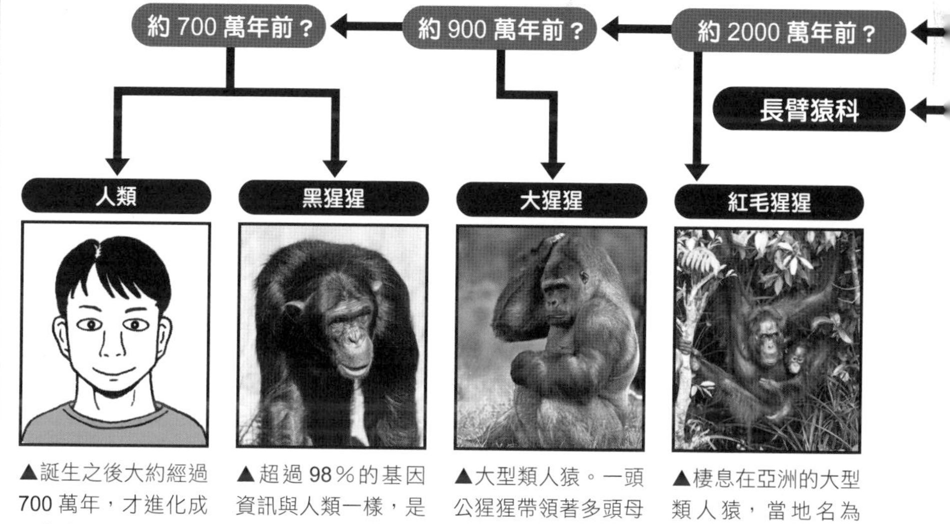

▲誕生之後大約經過 700 萬年，才進化成現代人的模樣。

▲超過 98％的基因資訊與人類一樣，是最接近人類的猿。

▲大型類人猿。一頭公猩猩帶領著多頭母猩猩以及小猩猩一起生活。

▲棲息在亞洲的大型類人猿，當地名為 Orang utan，原意是「森林裡的人」。

插圖／佐藤諭　© Christian Kober/awl images/amanaimages　© Gerard Lacz/amanaimages　© Nigel Pavitt/awl images/amanaimages

後山的兔子怪獸

呀啊，好可愛喔。
不行，不能太大聲。
啊，跑掉了！
我第一次看到野生的兔子。
這附近有牠們的窩吧？
小兔子能平安長大就好了。
有時間就悄悄來看牠們吧。
騙人!!
學校的後山哪有兔子。
我看到的。
我們來獵兔子吧。
住手！不要亂來啊!!
有什麼關係，又不是你養的。

大事不好了！
獵兔子!?
想個辦法阻止他們!!
兔子太可憐了，拜託你們別欺負牠。
對啊！求求你們！
我們不是要欺負牠，
我會買漂亮的籠子跟好吃的食物給牠吃。
我想兔子也會很開心的。
被關在籠子裡怎麼可能會開心！
都怪大雄多嘴告訴他們。

Q

倭黑猩猩是從黑猩猩分支出來的動物，牠的脾氣比黑猩猩還兇猛。這是真的嗎？

A 假的。倭黑猩猩的體型比黑猩猩小，黑猩猩在族群內部每天上演激烈的權力鬥爭，倭黑猩猩則過著和平安詳的生活。

人類演化追蹤槍Q&A

Q 人類沒有體毛的原因是當時的地球很溫暖。這是真的嗎？

A 假的。人類出現在七百萬年前，那之後的氣候在地球史上可說是寒冷的時代。人類沒有體毛的原因至今仍未釐清。

「部分進化槍」只能維持十分鐘，趕快下來吧。
再讓牠跑掉就有你好看。
快把槍給我。
プシュ
※咻
ポ
※跳
パタパタ
※啪嗒、啪嗒

人類演化追蹤槍Q&A

Q 粗壯型南猿指的是體型粗壯高大的猿人。這是真的嗎？

A 假的。粗壯指的是牙齒和下顎等啃咬食物的部分。

※跳

吼喔！
哇啊～～
我們真的看到了。
猴子的四肢、背上長翅膀、頭像獅子的兔子!!
我想兔子們暫時可以平安生活了。

一起來探索人類起源！

大約兩億年前，哺乳類從單弓類分支，正式誕生

接下來，讓我們依序探索人類的起源。地球上脊椎動物的祖先是將近四億年前出現的兩棲類，大約在三億年前，其中一類演化成單弓類（頭骨兩個眼窩後方各演化出一個顳顬孔）。到了大約兩億年前，單弓類誕生了第一個哺乳動物。

插圖／菊谷詩子

異齒龍

生存於距今將近3億年前，是最有名的肉食性單弓類動物。

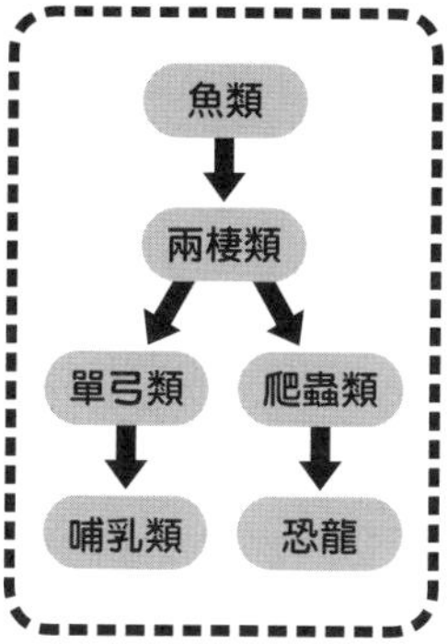

恐龍在六千六百萬年前滅絕，哺乳類時代來臨！

有一類動物誕生時間比單弓類略晚，也是由兩棲類演化而來，這個族群就是爬蟲類。有一段時間，單弓類與爬蟲類成為在地球上欣欣向榮的族群，但是大約兩億年前，後來從爬蟲類演化出來的恐龍，以絕對優勢滅絕了大多數單弓類動物。另一方面，哺乳類的祖先從單弓類分支出來，是一種外型像老鼠、身型小巧、主要在晚上活動的動物。

拜其習性所賜，哺乳類的祖先得以在恐龍時代倖存下來。到了大約六千六百萬年前，哺乳類取代突然滅絕的恐龍（專家認為巨大隕石撞擊地球是恐龍滅亡主因），在地球開枝散葉。

◀與恐龍生存在相同時代的哺乳類，在當時是屬於生態系中的弱者。

插圖／佐藤諭

靈長類誕生於何時何處？

大約六千六百萬年前，原始哺乳類演化成靈長類！

各位知道靈長類的共同祖先是什麼時候從哺乳類誕生的嗎？關於這一點目前仍然眾說紛紜，但可以確定的是，最晚大約出現在六千六百萬年前。

這段時期哺乳類中的更猴演化出適合爬樹的爪子，這種原始哺乳類吃昆蟲與樹木的果實，是靈長類祖先的近親。初期的靈長類生活在樹上，擁有發達的手腳和大腦。大約五千五百萬年前，兔猴類與始鏡猴類等接近現代靈長類的物種開始出現在地球上。

插圖／加藤貴夫

普爾加托里猴

普爾加托里猴是更猴的近親，擁有鉤子般的銳利爪子。

兔猴類

假熊猴

大約 5500 萬年前棲息在歐洲與北美州的初期靈長類。

原猴亞目

懶猴類與狐猴等猿猴亞目，相較於簡鼻亞目，是較為原始的猴類。

始鏡猴類

尼古魯猴

是與假熊猴同時期棲息在北美洲的初期靈長類。

簡鼻亞目

演化出跗猴、廣鼻超科、狹鼻超科等猿猴的族群。

廣鼻超科

狹鼻超科

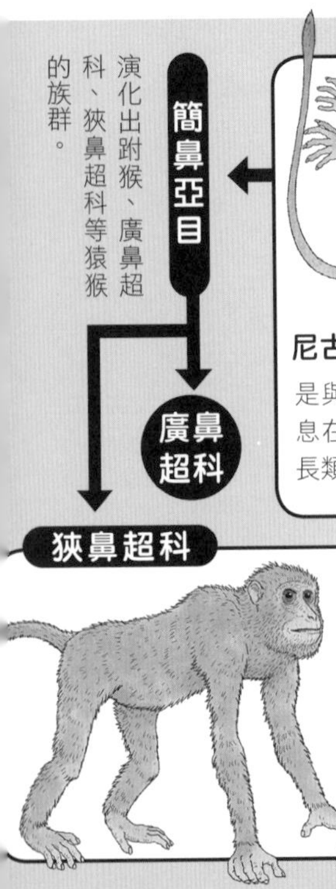

埃及猿

狹鼻超科可以說是人類的祖先，埃及猿是生存在大約三千萬年前的初期種。

插圖／加藤貴夫

靈長類在何處誕生？

許多專家認為更猴類不是真正的靈長類，將其稱為「偽靈長類」。相較於此，兔猴類、始鏡猴類在形態上明顯符合靈長類特徵，因此稱為「真靈長類」。兔猴類與始鏡猴類的化石在五千五百萬年以後的歐洲、北美洲、亞洲等地出土，這段時間的猴類已經具有明顯的靈長類特徵，因此也有專家認為，靈長類的起源應該可以再往前回溯。另一方面，近年成為主流的DNA研究學者，主張靈長類與其他現生哺乳類的物種分支，可追溯至恐龍時代，也就是八千五百萬年前。究竟靈長類是什麼時候在哪個地點誕生的呢？

其中有個假說是「印度次大陸諾亞方舟學說」。印度原為岡瓦納古陸的一部分，與因為有許多原猴類棲息而聞名的馬達加斯加島毗鄰。換句話說，印度正是靈長類的發源地，後來大陸板塊逐漸往北移動，與亞洲相連，形成真靈長類進入亞洲的結果。由於這個假設同時也解釋了馬達加斯加島原猴類的起源，在學界的支持度很高。不過，與靈長類血緣最接近的現生族群都只棲息在亞洲，加上印度找不到任何化石足以佐證，因此這個假設近年來逐漸遭到漠視。

1億2000萬年前的地圖

◀印度與馬達加斯加島在這一個時期逐漸與岡瓦納古陸分離。

7500萬年前的地圖

◀印度後來也與馬達加斯加島分離，往北移動，在四千到五千萬年前抵達南亞。

插圖／加藤貴夫

現代猿猴分布圖

類人猿誕生於大約兩千五百萬年前！

進化成人類的狹鼻超科與未進化成人類的廣鼻超科

廣鼻超科的猴類現在棲息在中南美洲森林，牠們的祖先在三千五百萬年前從非洲大陸穿越大西洋，來到南美大陸。之後廣鼻超科的猴類就在南美洲森林裡慢慢演化。另一方面，留在非洲的狹鼻超科猿猴祖先生活在草原等多樣性環境中。為了能在激烈的生存競爭中倖存下來，體型在演化過程中持續變大，智商也越來越高。

何謂廣鼻超科

◀特徵是鼻孔較大，間距較寬。

何謂狹鼻超科

◀鼻孔較小且朝下，體型比廣鼻超科的猴類大。

插圖／山本匠

原康修爾猿

生存於大約 2000 萬年前。由於沒有尾巴，專家認為牠是最初期的類人猿。

最初的類人猿誕生於非洲大陸

包含人類在內的類人猿（學術上稱為人科）是靈長類中，擁有高智商以及絕對社會性的物種。類人猿泛指人、黑猩猩、大猩猩、紅毛猩猩與長臂猿等種類。

專家認為，這些最高等靈長類的共同祖先，出現於距今三千到兩千五百萬年前。由於靈長類共同祖先的化石是在肯亞北部出土的，因此普遍認為人類的起源應該是在非洲。

哪個物種可能是現代類人猿的直系祖先？

插圖／加藤貴夫

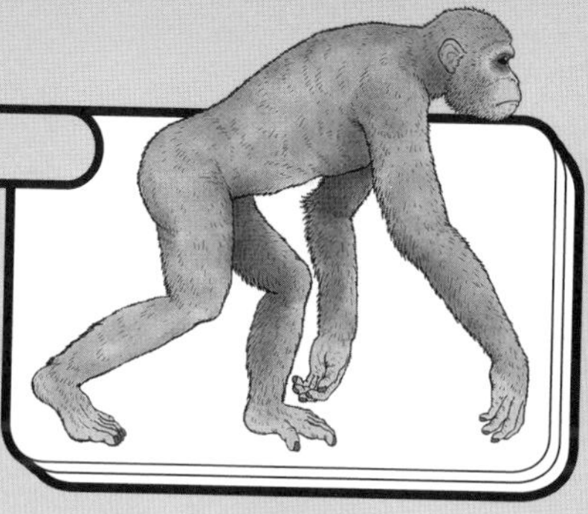

森林古猿

是原康修爾猿的近親。專家認為森林古猿是紅毛猩猩的祖先。

現今類人猿（人類除外）只棲息在東南亞和非洲，但在兩千到一千萬年前，初期類人猿廣布於全世界，考古學家在歐洲、南亞和中國等地都曾經發現過類人猿的化石。不只是原康修爾猿，還發現許多不同物種的化石。不過，目前仍無法確定哪一個物種是現代類人猿的祖先。

喜馬拉雅山脈與西藏高原大約在八百到七百萬年前隆起，全球氣候產生驟變，導致森林系類人猿的生存面臨重大挑戰，數量持續減少。考古學家至今尚未發現這段時期的化石，因此無法釐清其與現代物種之間的關聯。

特別專欄

類人猿移動方式之比較

類人猿的移動方式分成三種，分別是臂躍行動、跖行與直立雙足行走。過去認為移動方式隨著演化逐漸進步，但現在學界的主流看法是，每一個物種各自發展出獨特的移動方式。

直立雙足行走

靠雙腳走路是人類才有的移動方式，有助於智力發展以及擴大生活範圍。

跖行

大猩猩等大型類人猿的走路方式是以拳頭觸地前行，不適合長距離移動。

臂躍行動

亦稱為臂力擺盪，這是長臂猿等小型類人猿在樹上移動時使用的方法。

插圖／佐藤諭

金剛

呼～～我帶太多東西了。
我們什麼都沒帶，完全沒負擔呢！
就是啊。
大雄，你們沒有帶便當來嗎？
到時候你們肚子餓，我也不會分給你們喔。
放心，我們不需要。
我們帶了梨子、蘋果、香蕉、飯糰、三明治、溫泉蛋、巧克力、糖果還有口香糖呢。
？
？
別磨蹭了，快點爬山吧！
耶～～

人類演化追蹤槍Q&A

Q 始祖地猿的雄性和雌性體型幾乎相同。這是真的嗎？

A 真的。不過，阿法南猿的雄性體型比雌性大。

人類演化追蹤槍Q&A

Q 血緣最接近人類的是哪種動物？

①黑猩猩 ②大猩猩 ③紅毛猩猩

A ①黑猩猩。約六百萬到七百萬年前，人類是從與黑猩猩的共同祖先分支出來，演化成類人猿。

直立雙足行走是從森林開始的？

人類最早的化石發現於非洲中部

如前面刊頭彩頁上的圖說所示，人類演化分為五個階段，分別是「初期猿人」、「猿人」、「原人」、「早期智人」、「晚期智人」。

在所有人類化石中，時代最久遠的是大約七百萬年前的查德沙赫人。查德沙赫人是從與黑猩猩的共同祖先分支出來的第一個初期猿人，二〇〇一年在非洲查德的德乍臘沙漠發現頭蓋骨化石。下圖是利用數位影像技術修復的頭蓋骨化石與臉部的修復結果。

查德沙赫人的腦容量只有三百五十毫升左右，大約是現代人的四分之一。身高一百二十公分，和雌性黑猩猩的體型相同。專家認為它們當時主要棲息於森林，生活型態以食用水果為主。從化石也可得知，查德沙赫人已擁有較大的犬齒。

從下方（底部）觀察頭蓋骨化石，會發現正下方有個洞，這是連結頭部與身體的地方，這代表脊椎的正上方是頭部。換句話說，查德沙赫人已經是直立雙足行走。黑猩猩這類四足行走的動物，頭部連結身體的洞會在頭部後側。

總而言之，查德沙赫人在森林裡生活的時候，已經是採取直立雙足行走的移動方式了。

▼使用先端科學技術，修復出最早人類的臉部立體圖像。

▼完成修復的查德沙赫人頭部化石插圖。

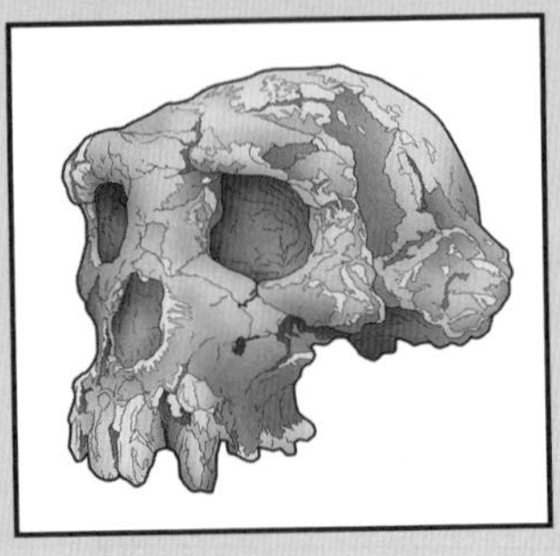

影像提供／一般財團法人日本地球產業文化研究所

影像提供／V. Mourre

▲在斯泰克方丹石灰岩洞發現的小腳化石。

陸續在非洲發現了初期的猿人化石

西元二〇〇〇年，考古學家在肯亞發現同樣為初期猿人的圖根原人化石（約六百萬年前）；二〇〇一年，在衣索比亞挖到卡達巴地猿的化石（約五百八十萬到五百二十萬年前）。

不過遺憾的是，查德沙赫人、圖根原人以及卡達巴地猿的生存年代過於久遠，都只有留下部分的骸骨，無法釐清他們各自是以何種方式演化，或是有任何關連。

始祖地猿（拉米達地猿）是所有初期猿人中，年代較近的人種。將於下一頁詳細解說。

此外，名聞遐邇的化石「小腳」（Little Foot），是年代更近的人類化石。「小腳」約生存於三百七十萬年前，是一九九四年考古學家在南非發現的化石。一開始最先被挖掘出來的是小小的腳部骨頭，因此得名。由於小腳全身百分之九十以上的骨頭完好無缺，是揭開人類演化奧祕的重要資料。如今小腳已經被分類在南方古猿屬，但還未確定種名。

特別專欄

熊的骨盆出人意外的小？

人類自從站立行走後，骨盆變得較寬，以支撐內臟與頭部等上半身的重量。

人與熊的脊椎大小幾乎一樣，從照片中可以看出，右邊的人類（直立雙足行走）骨盆比左邊的熊（四足行走）骨盆大。

影像提供／三上周治　ⓐ京都橘大學

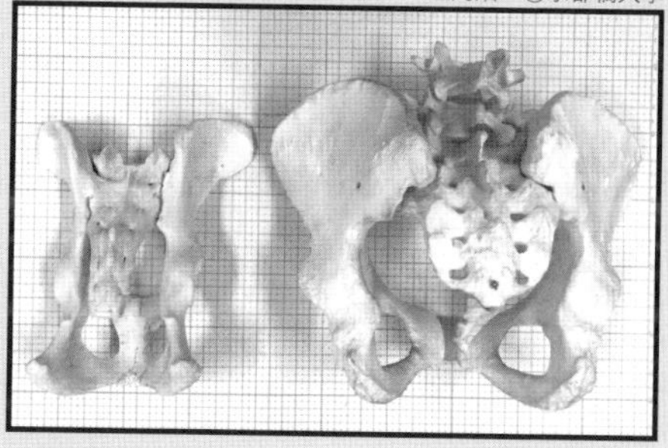

揭開始祖地猿化石「阿爾迪」的神祕面紗

始祖地猿（拉米達地猿）的化石最初是在一九九二年發現的，隨後一九九四年在衣索比亞開始挖掘女性始祖地猿的化石（約四百四十萬年前的化石）。最後挖出全身骨骼，命名為「阿爾迪」（Ardi）。

「阿爾迪」身高約一百二十公分，體重五十公斤，腦容量約三百五十毫升，大小與查德沙赫人相同。

腳拇趾與手部特徵也一樣，和其他四趾分開，可以輕鬆抓握樹枝。不過沒有足弓，不適合長距離行走。從頭蓋骨底部的洞口位置來看，「阿爾迪」已經站立行走。換句話說，「阿爾迪」同時擁有樹上生活（棲息於樹上的生活型態）與地上生活的特徵。

另一方面，大猩猩的牙齒「適合吃植物莖部與樹葉等富含纖維質的食物」；黑猩猩的牙齒則「適合吃成熟果實」，「阿爾迪」的牙齒則完全沒有這兩項特徵。由於這個緣故，專家認為「阿爾迪」屬於雜食性，攝取各種食物。

話說回來，日本研究員諏訪元（現為東京大學綜合研究博物館教授與館長）對於挖掘「阿爾迪」化石有極大貢獻。「阿爾迪」不只是當時最古老的人類全身骨骼遺骸，更是超過一百萬年的古老化石，是釐清初期猿人姿態與解開生態之謎的珍貴考古資料。有鑑於此，國際頂尖的《科學（Science）》期刊，十分肯定「阿爾迪」的研究報告，

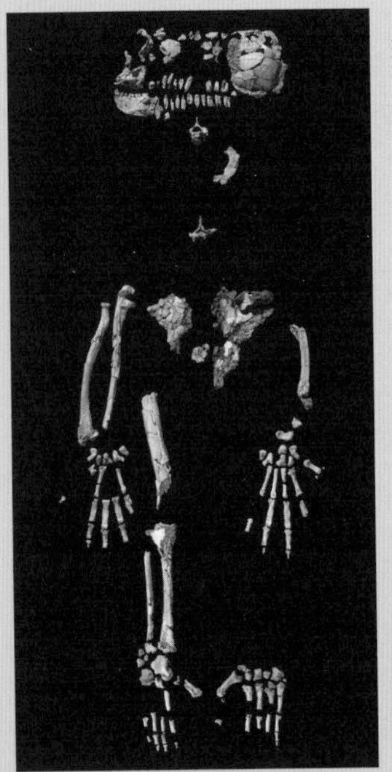

▲始祖地猿（拉米達地猿）之一「阿爾迪」的全身骨骼。

影像提供／T. White

將其選為年度重大突破（Breakthrough of the Year，針對當年度最重要的研究頒予此獎）。

當時「阿爾迪」的研究團隊分別來自九個國家，總共四十七名研究學者參與。他們花了十五年的時間，分析十五萬個動物與植物的化石試樣。感謝他們的付出，讓我們能夠更加了解人類的祖先。

特別專欄

始祖地猿的男性也會送禮物給女性？

直立雙足行走的人類學會用手搬運物品，方便男性送食物給女性，藉此表達愛意。

美國人類學家洛夫 · 喬伊博士提出「提供食物學說」，供應穩定食物是直立雙足行走的動物比四足行走動物更具繁殖優勢，容易繁衍後代子孫的原因。

插圖／佐藤諭

特別專欄

代表日本的古人類研究學者諏訪元

專門研究自然人類學、型態人類學與古人類，現為東京大學綜合研究博物館教授與館長。主要研究場域為衣索比亞，從化石紀錄探索人類的演化過程。一九九〇年代挖掘包括始祖地猿最初標本在內的許多化石，投入將近二十年的時間解析化石，釐清比南方古猿更早的人類面貌，可說是傲視全世界的創舉。

其卓越功績榮獲朝日獎的肯定，還獲得日本人類學會獎、日本進化學會獎等無數獎項殊榮。外交大臣也特別表揚其出色成就，是日本最具代表性的人類學者。

影像提供／諏訪元

從化石很難想像遠古時代的生活？

非洲大陸究竟發生了什麼事？

由於大多數遠古時代的人類化石都在東非出土，有專家認為是因為「非洲東部的氣候變得乾旱，森林面積減少，人類才會離開森林，來到草原生活」。提出這種理論的人類學家還特別模仿歌舞劇《西城故事（West Side Story）》的劇名風格，將這個理論命名為「東城故事」（East Side Story）。

後來證實當時的東非還是一片蔥郁森林，「因為乾旱導致森林面積減少」的前提是錯誤的。此外，查德沙赫人的化石是在非洲中部發現的，也顛覆了這項理論。

從事科學研究的時候，許多理論學說都會被後人證實是錯誤的。即使如此，從手中現有的證據中，提出「大膽假設」，仍是極為重要的做法。

主要的初期猿人、猿人化石的發現年分與挖掘場所

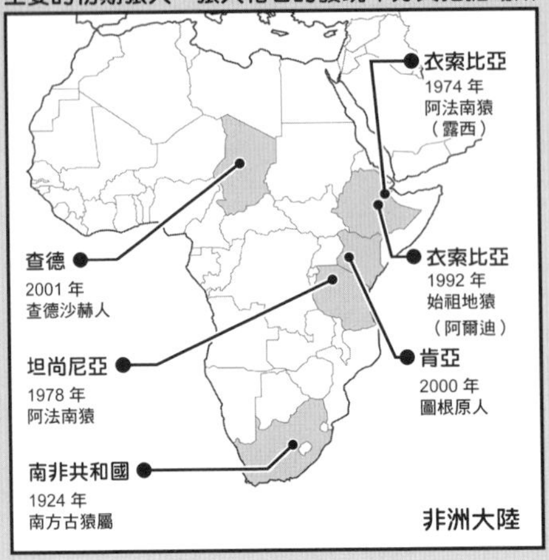

插圖／加藤貴夫

特別專欄

人類曾經在水中生活？

為各位介紹另一個與人類演化有關的理論。這個名為「水猿假說」（aquatic ape hypothesis）的理論假設「人類與黑猩猩分支時，曾經過著水棲生活。」

不過，目前沒有任何證據或根據可以支持這項理論，不少人類學家甚至強烈否定這項理論。

插圖／佐藤諭

機器人黏土

這是全世界最快的協和客機。
ガ〜
很帥氣吧！
這種玩具飛機你沒有吧？
很想要吧？
哼，這有什麼。
ガ〜
好想要！
我想要協和客機啦〜
「機器人黏土」。
ロボットね
用這道具做出來的東西，會像真的一樣喔。
真的嗎？
ロボットね
捏黏土我很厲害的。
ねん

人類演化追蹤槍Q&A

Q 挖掘出來的化石是以英文字母加數字命名。這是真的嗎？

A 真的。舉例來說，「露西」的正式名稱為AL288-1。

那我捏最簡單的東西。
這是蛇喔。
像這樣盤起來後，就很像了……
不會動耶。
總覺得有股怪味……
快丟掉，快丟掉！
難得的黏土都浪費了……
靜香她是真的很會捏黏土。
做些什麼有趣的東西吧！
好像很好玩。
哇，看起來就像真的兔子呢。
那是當然的囉。

Q 巧人會研磨銳利的石器。這是真的嗎？

A 假的。巧人只會用石頭敲碎石頭並直接使用。

Q 人類吃肉後得到什麼意外收穫？

不要一直玩，快去幫店裡的忙!!
胖虎!!
暫時讓我到你家躲一下吧！
呃…這樣我很為難耶。
哇哇，那個是什麼啊！
「機器人黏土」？
真好耶。
對了!!
只要做出另一位胖虎，讓他去店裡幫忙不就好了。
你頭腦真靈光啊。
能不能借我們一下呢？
當然好啊。

A 時間。肉類的營養價值較高，人類吃肉後感到飽足，無須一整天進食。

與現代人同樣直立雙足行走的猿人登場

腳掌演化成有足弓的形狀

在人類演化的過程中，比較接近現代人的「初期猿人」稱為「猿人」。其最大差異在於「初期猿人」的腳掌為扁平足，「猿人」的腳掌有足弓。換句話說，「猿人」就像現代人一樣站立，並以雙腳走路。

最具代表性的其中一個「猿人」種類是阿法南猿（南方古猿阿法種）。古人類學家發現三百一十六萬年前的化石，並挖出全身約四成左右的骨骼，將它取名為「露西」。化石的發現者是唐納德・約翰森博士（Donald Johanson）。

一九七四年，當時的唐納德・約翰森還在芝加哥大學攻讀研究所，遠赴衣索比亞沒日沒夜的調查化石，就在該研究案接近尾聲的時候，有了驚人發現。他發現的「露西」化石，估計其為二十五至三十歲女性，身高為一百零五公分、體重三十公斤，腦容量大約四百毫升。

最近人類學家利用電腦斷層掃描，根據「露西」的骨骼製作出三萬五千張數位剖面圖，之後又花了八年的時間一張張仔細分析，結果發現「露西」很可能是從樹上掉下來摔死的。

「露西」的頭蓋骨有裂痕，過去一直以為這是死後自然龜裂，但從形狀分析，確認是活著時形成的裂痕。此外，右肩處發現的壓迫性骨折，也是摔落地面時伸手保護自己所造

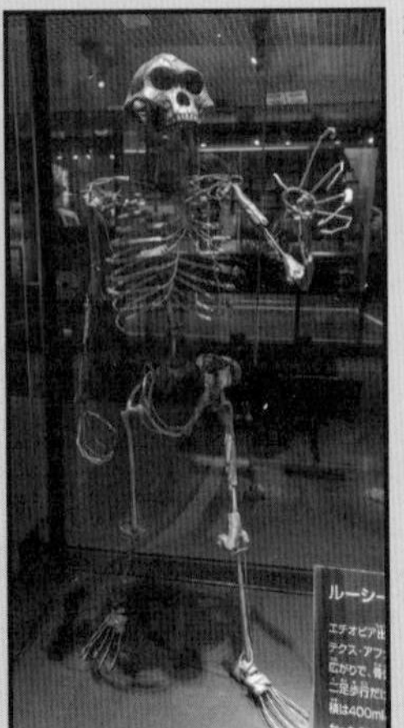

◀從阿法南猿的個體之一「露西」的骨骼修復模型。

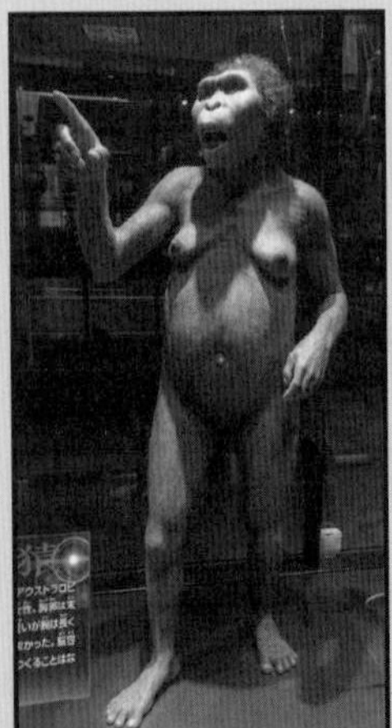

◀從「露西」的身體修復模型。

攝影／大橋賢　拍攝協助／日本國立科學博物館

成的傷痕。從種種跡象顯示，「露西」應該是從相當於四、五層樓高的地方摔下來。沒想到竟然能從骨骼化石確認死因，真是令人驚訝。隨著影像解析技術日新月異，未來我們將能從化石中找到更多新發現。

影像提供／河合信和

▲「賽蓮」的骨骼化石（攝於衣索比亞國立博物館）。

從兒童骨骼發現猿人與現代人的共同點

阿法南猿前後存在的時間長達一百萬年，因此除了「露西」之外，考古學家後續還發現了許多化石。其中之一是二〇〇〇年在衣索比亞地區發現的阿法南猿骨骼（大約生存於三百三十萬年前），取名為「賽蓮」。

「賽蓮」是大約三歲左右的幼兒，大腦只有三百三十毫升左右，比成年個體的大腦（約四百毫升）要小一些。這一點顯示阿法南猿和現代人一樣，為了減輕母體負擔，嬰兒出生時腦容量較小，長大後才會越來越大。專家研究「賽蓮」骨骼後發現，阿法南猿的上半身適合在樹上生活，下半身則適合直立雙足行走。

此外，「賽蓮」與「露西」的發現地點很接近，當初剛發現時還有媒體報導，「賽蓮」與「露西」可能是母女。不過事實上，兩者生存的年代相差十萬年以上，因此不可能是母女。

特別專欄

披頭四的歌名變成化石的名字？

唐納德・約翰森博士挖掘出阿法南猿化石的那天晚上，營地正好重複播放著披頭四的歌曲《在空中戴著鑽石的露西（Lucy in the Sky with Diamonds）》，而這就是「露西」名字的由來。

插圖／佐藤諭

從腳印了解猿人生活

從腳印化石也能夠了解男女關係？

除了骨骼化石之外，還有其他珍貴資料也能告訴我們過去人類的面貌，那就是腳印化石。

從腳印的化石可以看出當時人們的移動方式、當時的人類身高有多高、一個群體一共有幾個人一起生活、有多少男性與女性生活在一起，以及有多少大人和小孩共同生活等。簡單來說，腳印化石是了解當時生活的重要線索。此外，腳印也是人類直立雙足行走的直接證據。

一九七六年，古生物學家瑪麗・利基博士在坦尚尼亞的拉多里遺址發現最古老的人類腳印化石。這些腳印化石存在於大約三百七十五萬年前，綿延約二十三公里。

經調查後發現，這些是阿法南猿一家三口在火山灰上行走所留下的足跡。由於兩名成人的腳印重疊在一起，專家認為男性走前面確認安全，女性再踏著男性的腳印往前走。此外，步行速度約一秒一公尺，和現代人相同。

影像提供／Smithsonian Institution

▲瑪麗・利基博士（右）與丈夫路易斯・利基博士（左）。

影像提供／Momotarou2012

影像提供／Federigo Federighi

◀在坦尚尼亞拉多里遺址發現人類最早的腳印化石（複製），與利用腳印證據重現的阿法南猿走路的模樣。

另外也發現了其他化石 證實男女差異和小跑步型態？

二〇一五年，考古學家同樣在坦尚尼亞的拉多里遺址發現兩名阿法南猿的腳印化石（存在於超過三百六十萬年前）。最初發現的是坦尚尼亞三蘭港大學的考古學家菲德利斯・馬薩豪博士與艾爾吉迪亞斯・伊恰姆巴基博士。

影像提供／Clem23

▲在坦尚尼亞的恩戈羅賽羅地區發現許多腳印化石。

找到的腳印當中有一個腳印屬於成年男性，從腳印大小推估身高約一百六十五公分。由於該個體的體型比其他個體都大上許多，有專家認為阿法南猿的男女體型差異甚大。

參照一九七〇年代所發現的化石證據，專家認為阿法南猿可能與大猩猩一樣為一夫多妻制，但目前尚未釐清相關細節。

二〇一六年，考古學家又在坦尚尼亞的恩戈羅賽羅泥地，發現了四百多個存在於一萬九千到五千年前的腳印化石。其中包括以時速超過八公里以上的速度小跑步的多個人類在泥地上奔跑的腳印。還有由女性與孩童組成十二個人的隊伍一起走路的足印。

特別專欄

直立雙足行走一點也不輕鬆？

人類自從直立雙足行走後，開始使用雙手。不過，這個走路型態改變了支撐頭部與上半身的方式，帶來胃下垂、腦貧血、腰痛、膝關節疼痛等人類特有的疾病。內臟只靠骨盆和骨盆底肌群（位於骨盆底部的肌肉）支撐，也容易引起腹股溝疝氣和痔瘡。此外，直立雙足行走可能也是女性難產的原因之一。

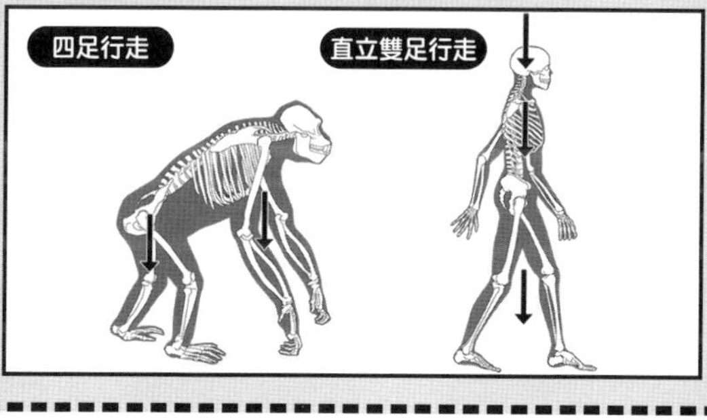

插圖／加藤貴夫

只有大腦比下巴大的人類倖存下來

下巴變堅硬或大腦變大？

在阿法南猿（南方古猿阿法種）之後，人類的演化過程主要分成兩條路線。

第一條是下巴肌肉與後齒（臼齒）發達，擁有超強咀嚼力。這個族群稱為「粗壯型南猿」，咀嚼食物的面積是現代人的兩倍，最具代表性的是傍人屬。

粗壯型南猿擁有碩大的下顎，可以咬碎堅硬的樹木果實與纖維質較多的植物，但腦容量較小。這也是其最後滅絕的主因（儘管如此，在南方古猿阿法種等「非粗壯型南猿」消失後，粗壯型南猿仍持續存活超過一百萬年）。

影像提供／日本國立科學博物館

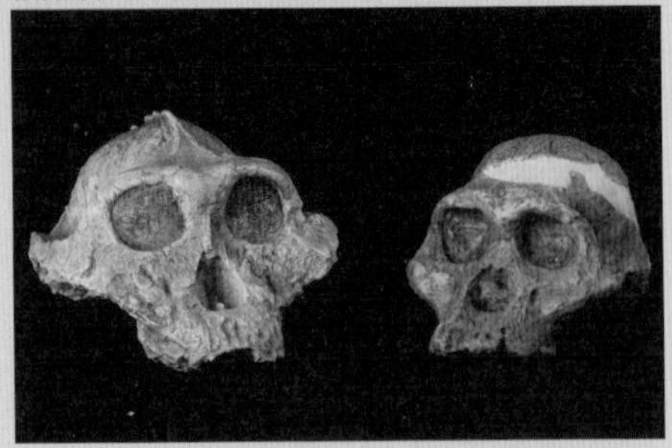

▲粗壯型南猿（左）的頭骨和非粗壯型南猿（右）的頭骨。

走向另一條進化道路的是人屬。最先出現的人屬是巧人，腦容量從過去的四百五十到五百毫升，增加至六百到八百毫升。換句話說，人屬發達的不是下巴，而是大腦。現代人就是後來演化出的人屬後代。大約一百八十萬到三十萬年前，棲息在世界各地的直立人是更進化的原人。

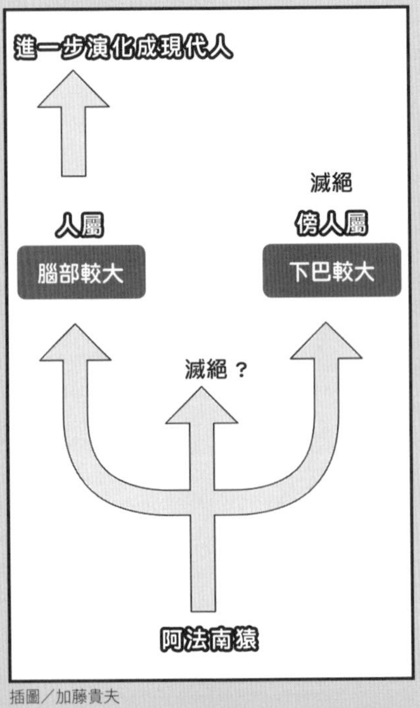

插圖／加藤貴夫

使用石器開始吃肉

猿人原本吃草、果實與昆蟲，走出森林進入草原生活後，吃肉的機會也慢慢變多。專家認為飲食型態的改變導致蛋白質攝取量增加，大腦變大，最後演化出人屬。此外，人屬的大拇指發達，可以確實拿穩物品。

不僅如此，我們的祖先吃肉時會使用石器等工具。不過，初期人屬如巧人還不會狩獵，而是利用石器割下肉食動物吃剩的肉。

插圖／加藤貴夫

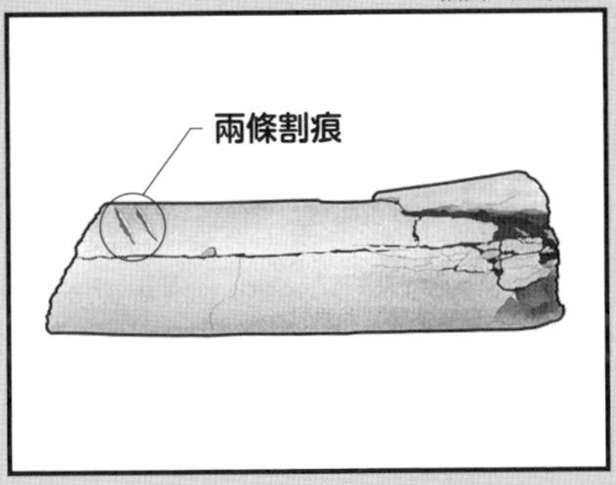

▲動物骨骼上帶有石器造成的傷痕（約340 萬年前）。

專家從埃及出土的阿法南猿中找到人類最早食用肉類的證據。根據研究報告，考古學家在距今三百四十萬年前的地層裡挖到大型哺乳類的骨骼化石，並從中發現用石器刮肉與劈開骨頭吸食骨髓的痕跡。提出報告的正是挖掘出「賽蓮」（阿法南猿幼兒）骨骼的阿連塞吉德博士，挖掘地點也跟「賽蓮」相同。或許「賽蓮」也是用石器吃飯喔。

另外還有其他證據證實我們的祖先使用石器，例如牛科動物的骨骼（生存在兩百五十萬年前左右）上有被人用石器割肉和敲碎的痕跡 死去的大象身上也有被人用石器割肉的傷痕（生存在兩百萬年前左右）。

人類自開始站立行走後，腳掌慢慢演化出足弓，從此之後可以長距離移動。大腦發達，雙手靈活，還學會使用工具。而在此之後，又是以何種方式演化出原人、早期智人和晚期智人的呢？人類的歷史未完待續。

▼巧人使用石器吃肉的示意圖。

插圖／加藤貴夫

※嘰、嘰
ギィ ギィ
※抽出
ガサ ガサ
VECTOR

古董競賽

為什麼要收集這麼老舊的東西呢？
啊哈哈哈，這種上流社會的嗜好你是不會懂的吧？
像我家這樣，車子啦、冷氣啦、還是微波爐啦…
所有方便的東西通通都有了之後，
反而更懷念老舊的東西。
大雄家沒有古董吧？
當然有！我家的電視已經用十年了！
哇哈哈哈！

人類演化追蹤槍Q&A

Q 人類在生物學上的分類是？①Hamo ②Himo ③Homo

你想要古董？
應該辦不到吧？
在二十二世紀很流行收集古董喔。我們用通訊販賣買古董吧。
用買的太貴了，找東西來換吧。
電晶體收音機可以換嗎？
應該可以吧。
用這個來聯絡。
珍品堂嗎？我想用一九七四年的收音機來換更舊的。
我知道了，馬上送到。
ピュ
※嗡～
這是什麼？
這叫做礦石收音機，是收音機的祖先。

A ③ Homo（人屬）。「Homo」是在學術上使用的拉丁文專有名詞，意思是「人」。

Q 原人當中的一種 *Homo naledi* 的意思是「地球人」。這是真的嗎？

用這個東西聽得好清楚喔。
很稀奇吧？
第一次看到吧？
也讓我聽聽。
下一個是我。
哼!! 那種東西算什麼？
我家還有更棒的呢。
什麼嘛!! 我也有。
哆啦A夢，給我更舊的東西！
怎麼不在啊？

A 假的。*Homo naledi*（納萊迪人）在南非梭托語中是「星星的人」之意。

用這聯絡就行了。
喂～是珍品堂嗎？
是的，多謝您的惠顧。
我還想找其它東西。
這次要拿什麼來換？
呃～……
東張西望
你自己挑吧！換多一點喔。
越舊越好。
很抱歉，可能沒有那麼簡單。
想要古董的客人很多，商品不夠。
我邊看邊幫您換好了。
麻煩你了。
不知道會拿什麼給我。
※嗡～
ピュッ
原來如此……
的確是很舊啦。
先讓大家看看吧！

人類演化追蹤槍Q&A

Q 初期人類的工具是下列哪一項?①鐵 ②石頭 ③竹子

A ②石頭。考古學家找到初期人類以石頭互相敲擊做成的石器工具。

人類演化追蹤槍Q&A

Q 原人當中的一種 *Homo erectus* 的意思是「聖母峰人」。這是真的嗎？

A 假的。*Homo erectus* 是「直立（雙足行走）人」之意。

人類演化追蹤槍Q&A

Q 初期的人屬有幾萬種。這是真的嗎？

A 假的。除了巧人之外，目前只發現少數幾種。

哈啾
！
東張西望
沒有人。
趁現在趕快回家。
啊！
站住！
※嗡～
ピュ
竟然裸奔!!真不像話。
逮捕
這、這到底怎麼回事？
逮捕
逮捕～
逮捕～

人類演化追蹤槍Q&A

Q 兩百萬年前的初期人類即使冬天也全裸度過。這是真的嗎？

A 真的。專家認為人類直到七萬年前才發明衣服。

Q 下列哪一樣是人類最初發明的武器？①劍 ②槍 ③弓箭

A ②槍。早在五十多萬年前，人類已使用將木棍前端削尖的簡易木槍。

找到了。
把所有東西都恢復原狀吧。
咦？現在才說，實在很為難。
我把所有東西都賣掉了，要再買回來得花一個星期。
這樣不行啊，快想想辦法吧。
我可以馬上準備好最現代的東西給您…
那就換那個吧。
住起來真不舒服。
還是恢復原狀吧，麻煩你盡量快點。

現代人的近緣種人屬終於出現！

最初期的人屬——巧人

若以生物種來分類現代人，我們屬於Homo這一種。「Homo」是拉丁文，是專業的生物學用語，代表「人類」的意思，中文稱作「人屬」。

攝影／大橋賢　拍攝協助／日本國立科學博物館

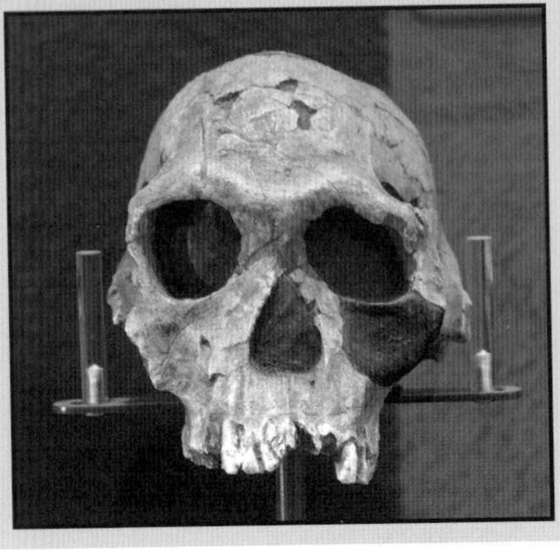

◀頭型較大，下顎有許多原始特徵。

猿人與人屬最大的差別在於腦容量（腦的大小），腦容量在大約六百毫升，腦部較大且發達的物種歸類於人屬，初期人屬稱為原人。

人屬中最古老的物種，是生存在大約兩百四十萬到一百四十萬年前的非洲巧人。一九六〇年，考古學家在坦尚尼亞的奧杜威峽谷地層發現巧人化石，也在同一處地點發現許多原始石器。由於使用石器，「雙手靈巧」，所以取名為巧人。

雖然與現代人同為人屬，但巧人的體型與現代人差異甚大。有些大人身高只有一百三十五公分、體重大約三十公斤，相當於現代人小學三年級的體型。

特別專欄

擁有猿人與原人特徵的納萊迪人

2013 年，在南非的升星岩洞系統深處有大量化石出土。從老至幼總計有超過 15 具個體，岩洞裡還留下許多其他化石。

那一次挖掘到的未知人類化石，腦容量都不大，同時擁有接近類人猿和現代人的生理特徵，取名為納萊迪人。

發現的當下，考古學家認為他們是初期人類，但根據最新的研究結果，納萊迪人很可能是生存在三十萬年前，距離現在很近的人類。

持續演化的原人 直立人現身

大約一百八十萬年前，棲息在世界各地的直立人是更進化的原人。與過去的人類族群相比較，直立人的下顎與牙齒很小，擁有細長的身體和雙腿，與身體尺寸相較，手臂顯得較短，體型十分接近現代人。適應平地生活，在炎熱的熱帶地區也能像馬拉松選手從事長距離跑步。但相對的，不擅長爬樹。

不只是人類，通常發現的化石都只能挖掘到身體的一部分，例如手腳的局部，或是只找到下巴、牙齒等部位。若是能挖掘出全身的大部分骨骼，將會對研究有極大貢獻。

在肯亞圖爾卡納湖西岸納里歐柯托米發現的「圖爾卡納少年」，推估為生存在大約一百六十萬年前的直立人，年僅九歲。考古學家找到他百分之六十的骨骼，以人類化石來說，這個比例相當高，可說是重大發現，可以完全復原直立人的全身樣貌。

直立人共有幾個分類群，有些學者將在非洲生活的初期直立人視為別種，稱為匠人。

攝影／大橋賢　拍攝協助／日本國立科學博物館

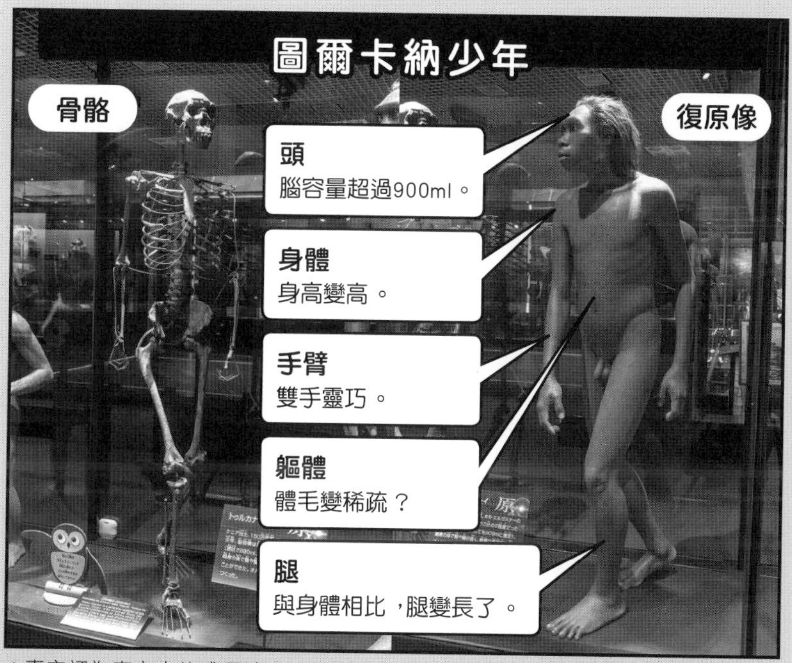

▲專家認為直立人的成長速度比現代人快。

人屬首次發明並使用工具！

花心思改良以石頭製作的初期工具

以石頭互相敲擊時，剩餘體積較大的石塊稱為石核，剝除下來的碎片稱為剝片。將石核前端慢慢削尖，可以做出左右均等的工具，名為手斧（奧杜威手斧）。手斧的用途相當廣泛，可說是萬用工具。舊石器時代前期的阿舍利石器是最具代表性的器物。

影／大橋賢　拍攝協助／日本國立科學博物館

▲阿舍利石器的手斧。

▲勒瓦婁哇削器。

人類大約在三十萬年前進化成早期智人，當時已出現勒瓦婁哇技法，可將石頭修出一定程度的形狀再做大幅切割，做出想要的剝片。接著再針對剝片進行加工，製作出石器。

現代人的祖先進一步提升石器的製作方法，發明了石葉技術，從形狀工整的石核製作出好幾個形狀相同的石器，將銳利石器加工成槍等武器。

漫畫中大雄拿的石器時代工具，是刀刃磨得工整銳利的一種石斧，大約從三萬年前開始使用，屬於比較新的石器。

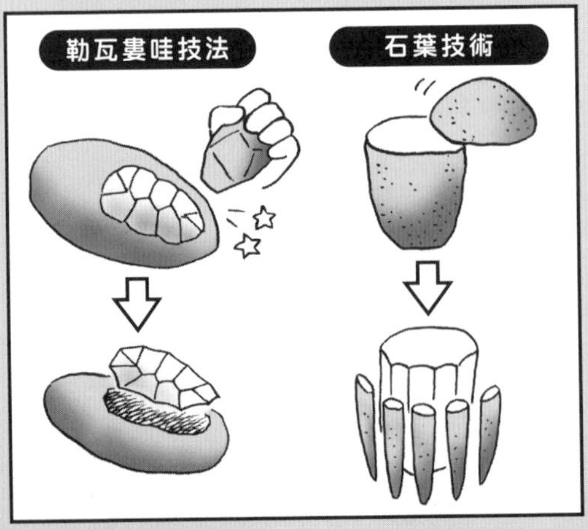

插圖／佐藤諭

攝影／大橋賢　拍攝協助／日本國立科學博物館

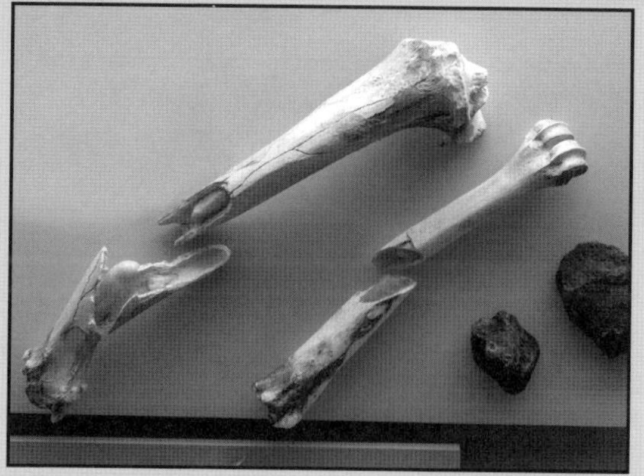

▲為了吸食骨頭中的骨髓，必須先切斷骨頭。

吃肉讓人變聰明？

吃飽就想睡的生理反應來自內臟必須消耗熱量，促進消化吸收，因而使得大腦活動減緩。

人類使用石器可以迅速剝除動物的皮與肉，敲碎食物，或吸食骨頭中的骨髓，充分攝取肉類食物的營養。肉類比植物易於消化吸收，讓腸道等內臟器官變小，減少消耗的熱量。

增加攝食肉類食物的比例，短時間就能獲得足夠熱量，同時增加大腦可用能量，促進大腦發展，讓人類的腦容量變得更大。

出生時很小，慢慢會變大

原人的腦部比猿人大，早期智人與現代人的腦容量更大。話說回來，腦容量越大，保護腦部的堅硬頭骨也會越大，頭部較大的胎兒很容易讓媽媽在生產時難產。為了避免這個問題，人類已經進化到出生時的嬰兒腦部處於未發展成熟，且腦容量較小的狀態。

牛馬等動物出生後幾個小時就能站立走路，人類的嬰兒卻要到出生九個月以後才會走路，因此人類的父母必須好好保護小孩，讓小孩的身體與大腦充分發育成長。

腦容量大小變化

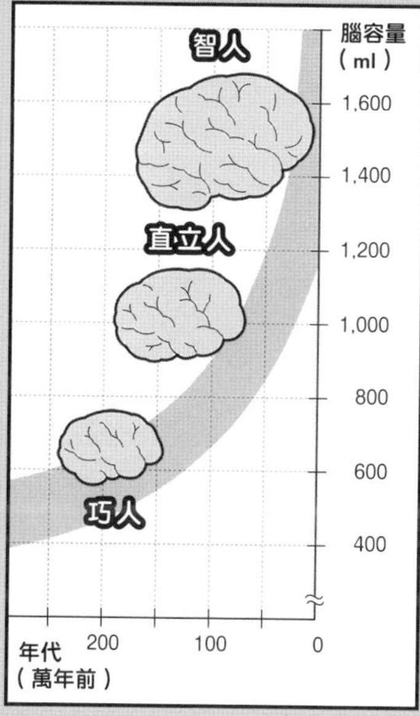

插圖／加藤貴夫

人類最偉大發明——「火」的使用！

哪個人種從什麼時候在什麼地方開始用火？

事實上，學界到現在仍然不清楚，人類在演化過程中，從什麼時候、在什麼樣的契機下開始使用火。這是因為幾十萬年前微小的用火痕跡，很容易受到風雨侵蝕流失，原本就很難保留到現代。即使找到火焰燃燒過的證據，也很難從遠古痕跡確認那是人類用火留下來的，還是火山爆發、打雷、森林大火或野火等自然產生的燃燒痕跡。

考古學家在非洲圖爾卡納湖附近的古畢佛拉遺址，找到土壤與植物燒過的痕跡，距今約一百五十萬年前，專家認為這應該是人類用火最古老的痕跡。

位於中東以色列北部的亞科夫女兒橋（Gesher Benot Ya'aqov）遺址，留存著大約八十萬年前的人類遺跡，考古學家在此處的許多地方發現燃燒過的木片、種子和可能是打火石的礦石。專家認為，此時的人類已經在固定地方燃燒篝火。

就像我們現在會在家中廚房的爐子用火，古代遺址中留下用火痕跡的地方，或許也是專門用火的「爐灶」。考古學家找到一堆加熱過的石頭，或只在固定地點發現燃燒過的土壤，堆積著燃燒過的殘屑灰燼等地方，即代表當時的人類已經在自己的居住環境中開闢煮飯用的爐灶區。

考古學家在法國泰拉阿馬達遺址找到目前已知最古老的爐灶遺跡，該處是大約四十萬年前的人類遺址。

人類不斷的嘗試運用源自大自然的火源，直到大約四十萬年前才終於學會利用爐灶，維持源源不絕的火苗，並且學會生火技術。

插圖／佐藤諭

學會做菜讓頭腦更聰明？

大腦是現代人體內消耗最多熱量的器官之一。大腦的重量只占了全身體重的百分之二左右，可是消耗的熱量卻占整體大約百分之二十。研究顯示，靠頭腦一決勝負的日本將棋或圍棋的職業棋士，平均一場比賽下來體重減輕兩到三公斤。由此可見，大量使用大腦需要豐富的營養素。

用火對人類帶來的影響

插圖／佐藤諭

人類用火完全改變了平時的飲食內容。我們每天吃的幾乎都是經過加熱烹煮的食品，儘管現在有方便好用的ＩＨ電磁爐與微波爐等電器用品，但原本家家戶戶都是用明火煮菜調理。

加熱烹煮生鮮食材不僅讓食物更美味，也不易食物中毒，還能延長保存期限。最重要的是，肉類含有的蛋白質、脂肪等營養素，以及米、麥、芋頭等植物富含的碳水化合物等養分，經過加熱後更容易吸收。

用火料理食材後，相同分量也能攝取更多熱量。當攝取熱量增加，大腦能使用的能量也變多，人類大腦變得更大、更靈活，進化得更聰明。

特別專欄

肉食生活讓人類更長壽？

與其他的哺乳類相比，人類壽命是相對比較長的。目前幾乎沒有其他可以活超過五十年的陸域哺乳類，而現代人的平均壽命卻達七十歲。現代人長壽的原因包括環境衛生、醫療發達等，不過其實在此之前，人類早已養成長壽體質。

有一種學說認為人類開始吃肉後，接觸越來越多以前從未遇過的病原體。為了維護健康，身體免疫力變得越來越強大，也因此延長了壽命。

快樂露營

在帳篷裡過夜，
圍著營火唱歌、
放煙火。
露營很有趣喔！
說有多好玩，就有多好玩。
真羨慕。
我們也來露營吧！今晚在這裡。
贊成！
贊成！
哈哈哈，怎麼可能嘛。

Q 除了人類之外，其他動物也會用火。這是真的嗎？

A 假的。就目前已知的狀況，在自主意識下用火的生物只有人類。

Q 過去人類曾住在用骨骼建造的房屋裡。這是真的嗎？

A 真的。考古學家在烏克蘭的梅日里奇遺址發現用長毛象骨骼建造的房屋。

呼~睡得真好。
啊，日出耶。
那是夕陽啦。
真的變晚上了。
晚上在外面玩，會被罵的。
換上「日燈」盡情玩吧！

插圖／佐藤諭

離開故鄉非洲的各種原人

爲了覓食 走向世界各地

直立人在大約一百八十萬年前離開非洲，前往歐亞大陸。專家認為他們並非懷抱特殊目的探索其他大陸，而是在尋找更多肉食動物吃剩的肉和死傷動物的過程中，逐漸擴展移動範圍，最後離開故鄉。

▲在沒有火的時代吃生肉大餐。

現在的非洲北部，雖然是一片荒蕪的撒哈拉沙漠，不過，在大約一百八十萬年前，那裡是屬於熱帶莽原氣候的草原。直立人的雙腿又細又長，腳趾較短，體毛較少，可流汗調節體溫，這樣的身體特徵很適合在熱帶草原長距離移動。

有人認為這個時期的人類已經會利用石頭製作武器，獵捕草食動物，練就狩獵技能。

離開非洲的直立人就這樣走向世界各地，演化出適應各地環境的身體特徵。

特別專欄

從食腐動物轉變爲獵人

有些肉食性動物像初期人類一樣吃已經死亡的動物，這樣的飲食習性在生物學上稱為「食腐動物」（主要靠進食腐肉維生的動物）。雖然不必親自與動物搏鬥，但食物來源不穩定，過著有一餐沒一餐的生活。

人類自從站立行走後，學會使用工具和武器，後來還學會用火，成為勇猛的獵人，狩獵大型動物。

展開歐亞大陸之旅的原人

在德馬尼西遺址發現猿人的生活型態

位於連接地中海的黑海與世界最大湖裏海之間，同時也是歐洲和亞洲交界的國家喬治亞，境內的德馬尼西遺址出土了非洲境外最古老的人類化石，時間可回溯至大約一百八十萬年前。

學者認為當時在該地區生活的是初期直立人，但頭蓋骨化石的腦容量偏小、牙齒很大，保留著近似巧人等初期人類的身體特徵。

下顎化石也顯示有蛀牙等牙齒疾病，同時還找到了動物化石，由此可見，此時的人類已經演化成肉食性。不過，身邊的工具全都是最早期的簡易石器。專家從此推斷當時的人類是直接用牙齒啃咬骨頭，甚至咬斷骨骼，將牙齒當成工具使用。

令人驚訝的是，當時的生活型態充滿溫暖人情。考古學家從德馬尼西遺址挖出老人頭骨，證實即使是牙齒幾乎掉光的老人還能存活好幾年。照理說沒有牙齒就無法進食，但老人可以存活，代表年輕人照顧得很周全，餵食老人柔軟的肉和骨髓。這也是目前找到最古老的看護範例。

大多數生物為了在生存競爭中勝出，培養出適應環境的能力，持續進化。但是對人類來說，擁有智慧與善良的心，關懷且細心照顧受傷年長的同伴也很重要。

攝影／大橋賢　拍攝協助／日本國立科學博物館

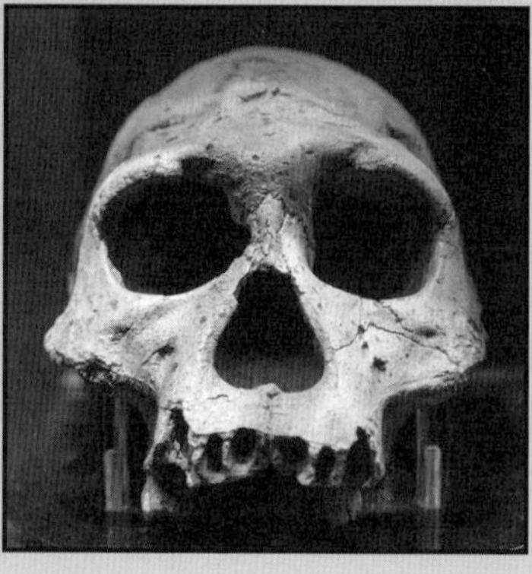

◀在德馬尼西遺址發現的頭骨。

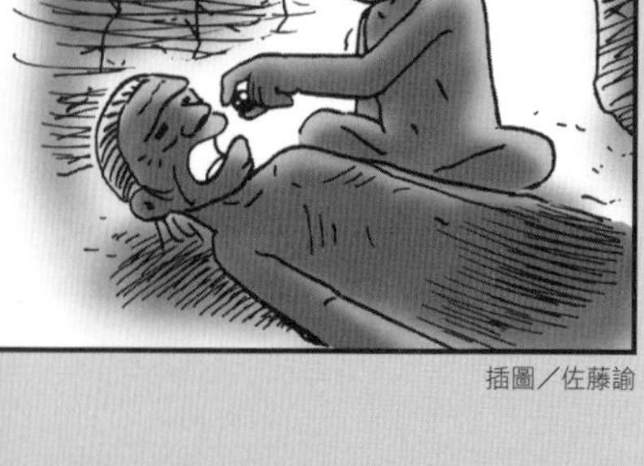

插圖／佐藤諭

影像提供／Ryan Somma CC BY-SA 2.0

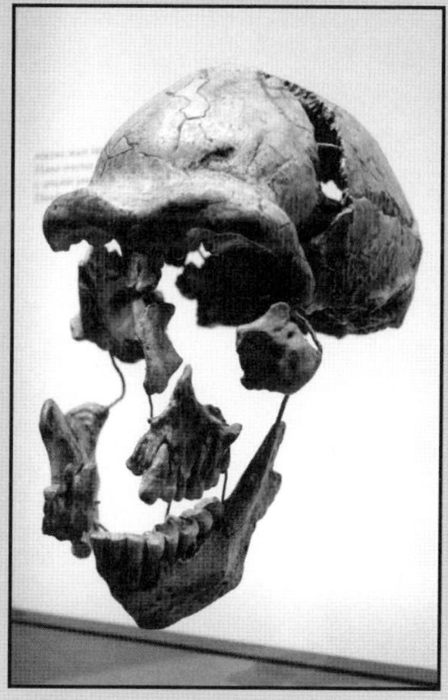

▲北京猿人的頭骨複製品。

在中國發現的北京猿人

關於北京猿人的生存年代目前仍眾説紛紜，但一般認為其存在於五十萬到二十五萬年前左右，腦容量達一千毫升，臉型特徵是眉脊前突且左右相連。

除了挖到完整的頭蓋骨之外，還有四十個左右的個體化石，以及多達十萬件的大量石器，燃燒剩下的灰燼、石頭與骨骼，由此推斷北京猿人也有用火的習慣。

著名的「北京猿人」是西元一九二〇年代在北京郊外周口店岩洞中發現的，根據現在的研究，他們是前往歐亞大陸，進入亞洲生活的直立人地區族群，學名為 *Homo erectus pekinensis*。

二次大戰期間為了避免北京猿人的化石受損，中國方面在一九四一年欲將所有標本送往美國，卻在中途下落不明，至今仍未尋回。戰後只在遺址挖出少數頭骨碎片與牙齒，幸好化石的詳細手繪稿、研究紀錄，以及精緻的複製品都還完整保留，對相關研究做出極大貢獻。

北京猿人是早已滅絕的人類化石，並非現代亞洲人的祖先。不過，中國各地還發現不少直立人的地區族群化石，包括元謀猿人、藍田猿人等。

特別專欄　化石可當藥物？

在日本藥典《日本藥局方》中，有一味藥名為「龍骨」的藥，具有鎮靜情緒的效果。漢字雖然寫為「龍之骨」，事實上是長毛象等大象族群、犀牛、馬以及牛等大型哺乳類的骨骼化石。有人認為有時還混雜著恐龍化石。由於是骨頭化石，因此主成分為碳酸鈣。顧名思義，發現北京猿人化石的周口店地區龍骨山，就是知名的龍骨產地。其中說不定就有北京猿人獵來的動物化石。

進入東南亞定居的原人

進入東南亞的爪哇猿人

初期直立人在大約一百八十萬年前離開非洲，橫貫歐亞大陸，最後來到東南亞。當時處於冰期，海平面較低，從泰國到印尼一帶的大陸棚露出海面，形成廣闊的巽他古陸。草原的各處遍布著森林，生長著豐富的樹木果實和各種小動物，在這裡可以過著與非洲等其他原人截然不同的生活。

印尼的爪哇島是知名的紅茶產地。一九八一年，考古學家在爪哇島的特裏尼爾地區發現人類化石的一種「爪哇猿人」。發現當時有各種假設，現在確認為直立人地區族群之一，學名為 *Homo erectus erectus*。爪哇猿人的腦容量介於九百到一千毫升之間，為直立人的標準值。生存於一百五十萬到十萬年前之間，長時間居住在同一個地區，演化出獨特的特徵。在桑吉蘭早期人類遺址發現的初期化石，與在印尼昂棟遺址發現的最後爪哇猿人族群，雖然具有類似特徵，但是他們頭骨的形狀有所差異。

插圖／加藤貴夫

▲巽他古陸的範圍包含爪哇島。

特別專欄

爪哇猿人的「始祖」直立人

在生物學界中，每次發表新種使用的引證標本稱為「模式標本」。直立人的模式標本就是爪哇猿人的化石。由於發現者為荷蘭古生物學家瑪麗・歐仁・弗朗索瓦・托馬斯・杜布瓦（名字好長！），因此模式標本收藏在荷蘭自然生物多樣性中心。

在島上生活 身形矮小的弗洛勒斯人

二〇〇三年，考古學家在印尼東部弗洛勒斯島上的梁布亞洞穴內，發現了生存於十萬到六萬年前左右的原人化石。這是過去從未發現過的新種原人，取名為*Homo floresiensis*。弗洛勒斯人體型十分矮小，成人身高只有一公尺，腦容量只有四百毫升，與黑猩猩差不多。

腦容量小代表智商可能不高，但同時發現的預估為十九萬到五萬年前的石器，製作卻很精良，而且現場還有用火的痕跡。人屬在演化過程中大腦變大，智商越來越高，沒想到弗洛勒斯人的大腦卻變小，令人驚訝。

二〇一六年，考古學家又在弗洛勒斯島的索阿盆地，發現帶有略微原始特徵的弗洛勒斯人族群化石。證實了弗洛勒斯人早在七十萬年前，體型就很矮小。從牙齒型態與現代人、其他人類化石進行詳細研究，發現其與初期的爪哇猿人有許多共通之處。

島上環境封閉，又很少遇到外敵，地方與資源都很有限，因此生物才會出現「島嶼侏儒化」現象，朝體型矮小的方向演化。專家認為爪哇猿人移居弗洛勒斯島，受到島嶼侏儒化影響，體型才會變矮變小。

攝影／大橋賢　拍攝協助／日本國立科學博物館

▲弗洛勒斯人與弗洛勒斯島上生物。

特別專欄　長毛象也變小了？

棲息在北海道弗蘭格爾島的侏儒猛瑪象，體型只有現存大象的三分之一左右，肩高約1m，是著名的微型化矮象。體型比兔子大的動物容易受到島嶼侏儒化影響變得矮小，相反的，原本體型較小的動物則會變大。弗洛勒斯島的大鼠體型接近一般老鼠的2倍。昆蟲也是一樣，被譽為世界最長鍬形蟲的長頸鹿鋸鍬形蟲，也是以棲息在弗洛勒斯島上的物種體型最大。

那不是野比先生嗎？
哎呀～好久不見了！
真令人懷念～已經有幾十年沒見面了。
您已經成為大師級人物了…
你過獎了，你已經長這麼大了啊！
你現在還有在畫畫嗎？
不，我已經完全放棄了。
我好像看過那個人。
他的照片好像經常出現在報紙或雜誌上。

六百萬圓畫作

你們看，這本雜誌上也有刊登老師的畫作喔！
什麼嘛～看起來好像塗鴉喔！
你說什麼傻話？這幅畫價值六百萬圓喔！
六百萬圓!?
那麼偉大的老師……為什麼爸爸會……
認識那麼偉大的老師嗎？
老師原本住在這附近的公寓，我以前曾經在他那裡學畫畫。
當時，老師的生活過得很辛苦。
沒有人認同老師的畫作。
就算賣一百圓也沒有人願意買。
早知道就買個兩、三幅回來。
爸爸為什麼當初不買啊!?
一百圓會變成六百萬圓耶！
真是笨蛋！
爸爸真的很笨！

人類演化追蹤槍Q&A

Q 全世界最貴的畫要價多少？①約五億日圓 ②約五十億日圓 ③約五百億日圓

A ③約五百億日圓。全世界最貴的畫是達文西的《救世主》（引自二〇一八年七月的資訊）。

對了！
「時光機」！
回到過去買柿原大師的畫！
存款全部加起來才98圓。
就算再怎麼便宜，只有這些…
母親大人……
妳想不想把一百圓變成六百萬圓呢？
你在說什麼傻話啊？
煩死人了。
我先預借壓歲錢一千圓了。
馬上出發吧！
住在家裡附近…應該是昭和24年左右的事。
距離現在約25年前。

人類演化追蹤槍Q&A

Q 全世界最古老的畫是何時的作品？①約六百年前 ②約六千年前 ③約六萬年前

A ③約六萬年前。這是在西班牙洞穴發現的壁畫，描繪手部形狀與幾何圖形。

應該是這棟公寓吧！
落目莊
是這間！
有人在家嗎？
如果是來要房租，我沒錢啦！
我不是來要房租的。
收報費的，我也沒有。
都不是……
麵店？米店？雜貨店？總之，我現在一毛錢也沒有。
咦？你不是來收錢的嗎？那麼，你到底有什麼事啊？
真的好年輕喔！
什麼!?
你要買我的畫!?
我…我…我的…畫？
你…你…你們…要買？

人類演化追蹤槍Q&A

Q 人類中腦容量最大的不是現代人。這是真的嗎？

感動—
謝謝你們！
第一次！第一次有人要買我的畫！
這個世界，淨是些不懂藝術的人。
沒有一個人認同我的畫作！事實上，我打算放棄畫畫了……
第一次有人想要買我的畫！
你千萬不可以放棄畫畫啊！
現在全日本的人都想要買你的畫作啊！
我總算有信心啦。
太棒了！
那麼，隨便哪一幅畫都可以，喜歡的你就拿去吧！

A 真的。尼安德塔人（尼人）中，有些個體的腦容量比現代人大。

真不想放棄……
如果是以前的錢就好了。
對了！
小夫有收集以前的錢幣。
我們去跟他交換吧！
咦？你們要看我收集的錢幣？
為了收集這些錢幣，我可是花了很大的苦心耶！
那種事我們沒有興趣！
選出能用的錢幣。
你們在做什麼!?
昭和24年以前發行的錢幣只有這些。
全部加起來還不到八百圓。

人類演化追蹤槍Q&A

Q 全世界最大的畫有多大？①約十公尺 ②約三百公尺 ③約一千公尺

A ②約三百公尺。祕魯納斯卡線有一幅約三百公尺的畫。

奇怪的小孩！
喔～野比先生也在畫畫啊⋯
對啊！
我的夢想是成為畫家！
那是不可能的啦。
你以後只會成為一個普通的上班族。
你們到底是誰!?趕快給我回去！
老師答應要賣畫給我們的。
那你們隨便拿一幅喜歡的走吧！
那我們就不客氣了。
這幅畫怎麼樣啊？
我覺得這幅畫最好了。
至少看得出來，在畫什麼東西。
那麼你好好加油吧！
打擾了。

爸爸，你看這幅畫！
咦？
六百萬圓！
怎麼可能!?
妳看！這是我國中時的畫作喔!!
我還在想放到哪裡去了，真是令人懷念啊！

現代人最大勁敵——尼安德塔人

現代人的祖先，早期智人——海德堡人

海德堡人最初是在德國海德堡發現化石，生存在距今約七十萬到二十萬年前，是一直演化到早期智人（古人）階段的人類。特徵是眼睛上方的眉棱骨前突，額頭很小。腦容量很大，介於一千一百到一千四百毫升。

影像提供／Gerbil

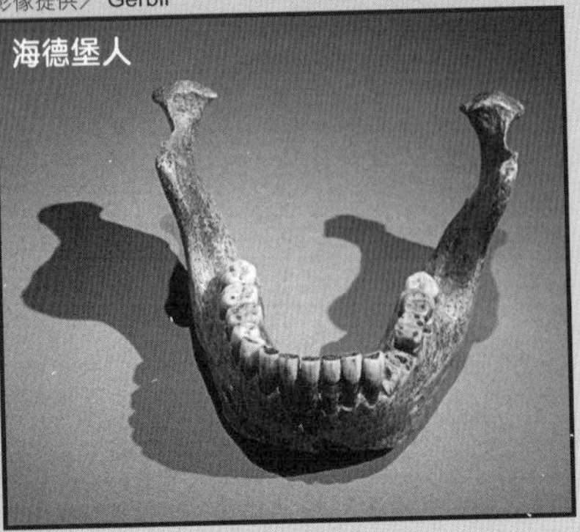

▲最初發現的下顎骨化石。

海德堡人是早期智人尼安德塔人與現代人智人的共同祖先，在地球氣候寒冷的冰河時期來到歐洲北部的德國生活，專家們認為海德堡人是第一批能夠適應寒冷氣候的人類。

早期智人——尼安德塔人登場

專家們在滅絕的人類中發現，最接近現代人的是尼安德塔人，大約生存於四十萬到四萬年前。由於在非洲並未發現尼安德塔人的化石，因此很可能是在歐洲從海德堡人演化而來。

尼安德塔人的腦容量約為一千五百毫升，有些個體的腦容量比現代人大。無論男女的身高平均皆為一百六十五公分，男性體重約六十五公斤、女性約五十五公斤。身高比現代人略矮，身體較長，雙腿較短，體型較為粗壯。可能是為了適應冰河時期的寒冷環境，才演化出不易流失熱氣的體型。

尼安德塔人居住在洞穴裡，除了會使用火，還會加工毛皮，使毛皮不易腐化，他們將毛皮當成大衣穿著。以石器製作槍與斧等武器，和同伴一起狩獵大型動物，是著名的獵人。

攝影／大橋賢　拍攝協助／日本國立科學博物館收藏

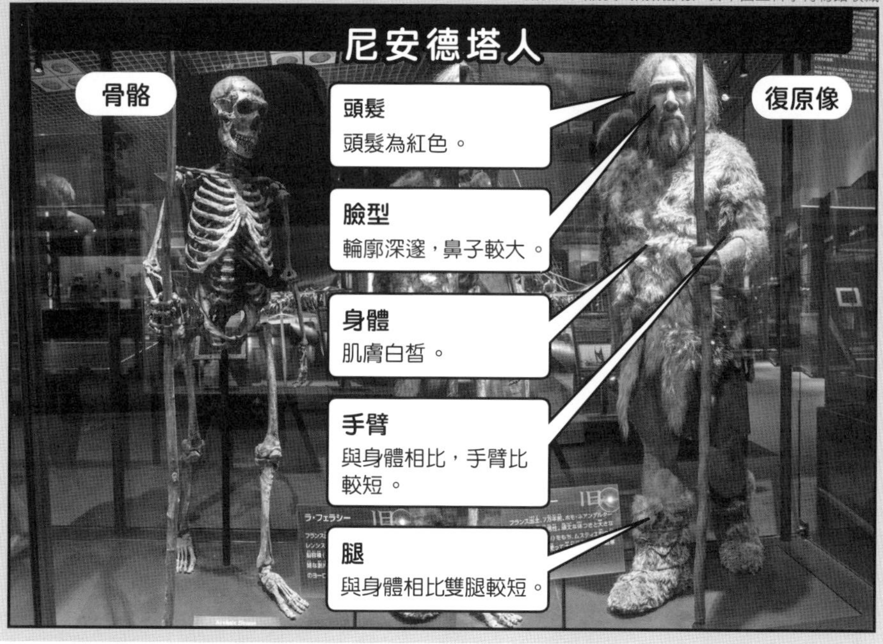

尼安德塔人有土葬的習慣，會將死亡的同伴埋葬在土裡。由於有些骨骼化石沾有大量花粉，有些專家認為尼安德塔人會在墳墓供花祭拜，對此也有專家持反對意見。帶花祭拜亡者是現代人習以為常的風俗，說不定早期智人也有相同的習俗。

一般認為早期人類不擅長從事藝術活動，但是根據最新的研究，考古學家在西班牙的洞穴裡發現以紅色顏料所繪製的壁畫。那是大約六萬四千年前，由尼安德塔人畫的畫。如果這是真的，代表尼安德塔人擁有十分活躍的文化活動。

特別專欄

另一種早期智人 丹尼索瓦人

2008 年，考古學家在俄羅斯阿爾泰山丹尼索瓦洞，發現一根手指骨骼和一顆牙齒化石。分析化石的 DNA 後，發現其與所有已知的人類皆不相同，與尼安德塔人為姐妹群關係，大約 64 萬年前從共同祖先分支出來，進而演化而成。這也是人類學史上第一個根據 DNA 資訊提出新種的案例。

雖然丹尼索瓦人如今已滅絕，但是有部分的現代人繼承了丹尼索瓦人的 DNA。

現代人智人現身！

晚期智人登場

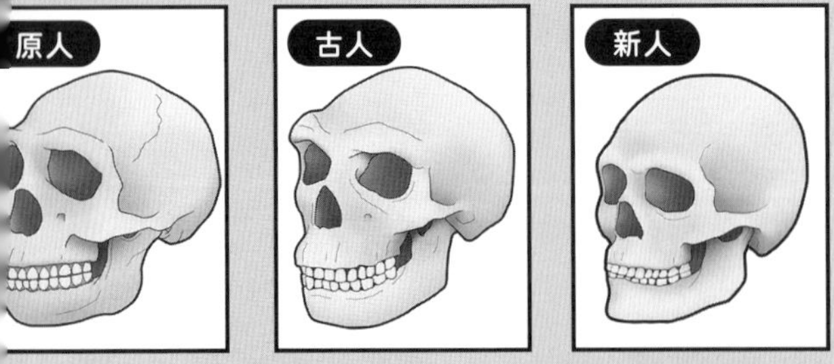

／加藤貴夫

▲在從原人進化到古人（早期智人）、新人（晚期智人）的過程中，人類的嘴巴以及眉脊往前突出等特徵逐漸內縮，頭型變圓。

現代人屬於智人種，也稱為「晚期智人（新人）」。考古學家在衣索比亞地區發現了大約十九萬年前的化石，推估是距今二十萬年前留在非洲的海德堡人所演化而成。儘管二〇一七年時在摩洛哥也發現了約三十萬年前的智人化石，至今卻仍然未能確定智人的演化過程。

智人的特徵

腦容量為一千四百毫升，比尼安德塔人略小。臉型特徵為臉頰較瘦、牙齒較小，眼睛上方的額頭呈直線型，不像原人眉脊前突且左右相連。包覆腦部的頭頂部位為圓弧形，也是其特徵之一。各位可能以為人類的頭部都是圓形的，其實這是智人才有的特徵。智人的全身體型較為細長，細腰長腿也是獨有的特色。

擁有纖瘦小臉與修長雙腿的人，之所以會比較受到歡迎，或許跟符合智人的體型特徵脫不了關係。

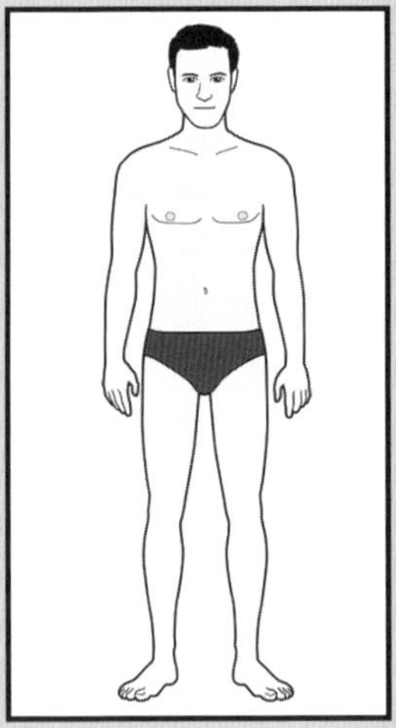

◀無論來自哪個國家，所有現代人都是智人。

插圖／加藤貴夫

插圖／佐藤諭

智人大腦的思考能力

腦容量變大的人類演化至智人階段所獲得的最大能力，就是大腦的思考能力和表達能力。

大腦的思考能力包括了可以想起過去的回憶、置換或組合單純的想像等等，這類發生在腦袋裡的作用稱為「表象思維能力」。當思考能力變強，人類就能根據各種條件預測結果，輕鬆記住複雜程序，正確記憶實際發生的事情。

▲想像力很重要。

能夠向身邊的同伴表達自己的想法與記憶，傳授工具的用法和狩獵技巧，人類的表象思維能力提高後，逐漸發展出人類特有的能力與行為。

寄生在人類身上的蝨子也能感受人類的進化？

蝨子會寄生在生物身上，引發搔癢與溼疹等症狀，是一種體長僅有三公釐的小型昆蟲。

眾所周知的蝨子包括寄生在頭髮的頭蝨，和棲息在衣服上的體蝨。蝨子原本只有一種，但自從人類開始穿衣服之後，蝨子也找到了新住處，因此分支出第二種。

科學家分析研究蝨子體內的蛋白質和基因，推測頭蝨和體蝨是大約在七萬年前分支的。由於衣服不像化石或石器可以長時間保存，所以很難斷定人類是何時開始穿衣服，但蝨子的研究結果有助於我們找到答案。

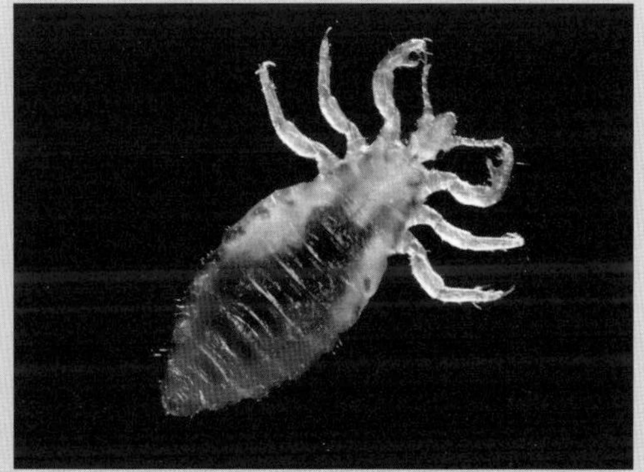

▲寄生在人類身上的人蝨族群。

倖存下來的智人與滅絕的尼安德塔人

在歐洲活動的克羅馬儂人

考古學家在法國的克羅馬儂石窟內發現了進入歐洲的智人族群化石，取名為克羅馬儂人。推估他們應該是在大約四萬兩千年前進入歐洲，直到三萬年前左右遍布整個歐洲。

克羅馬儂人居無定所，每天獵捕野生動物和採集植物，過著狩獵採集生活。不只發展出精良的石器製作技術，到了兩萬年前之後的時代，還會使用投槍器與弓箭等飛行武器，是十分出色的獵人。

克羅馬儂人具有高度的藝術性。考古學家在法國拉斯科洞窟壁面，發現由大約一萬八千年前的克羅馬儂人繪製的壁畫。克羅馬儂人分別使用黑色、紅色、褐色等五種顏料，描繪牛、鹿、馬等動物與人類。在前一篇漫畫中出現了昂貴的畫作，而克羅馬儂人在遠古時代畫的壁畫，成為了世界遺產，即使花好幾億也不可能買到。

人類在這個時期也學會製作樂器，考古學家挖掘出四萬年前，利用鳥類和動物骨骼做成的橫笛。由此可見，克羅馬儂人還會演奏音樂。

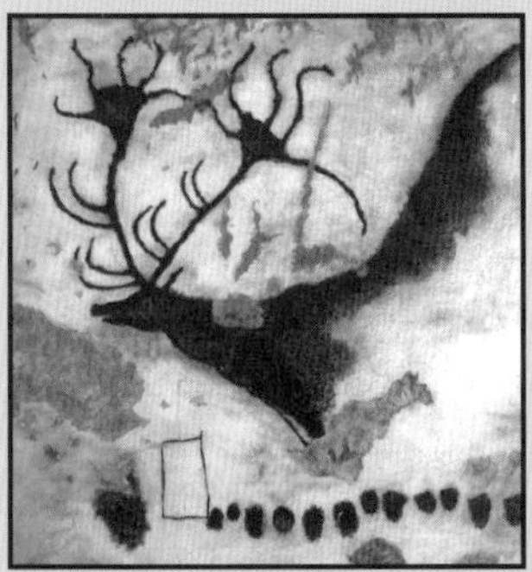

▲拉斯科洞窟壁面描繪的公牛與大角鹿等動物圖案。

攝影／大橋賢　拍攝協助／日本國立科學博物館

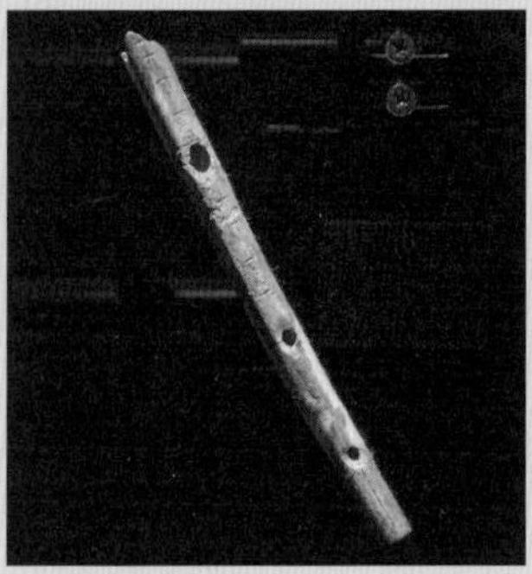

▲以天鵝骨骼製作的長笛。

智人擁有與同伴齊心合作的能力

智人懂得與同伴齊心合作，但合作的對象不僅限於智人，智人也會與狗一起狩獵。智人與狗有個共通點，那就是會成群獵捕動物。由狗先鎖定獵物並將其逼至絕境，再由智人拿武器制伏獵物，人狗共同形成堅強的狩獵團隊。當時受到氣候變動影響，許多大型動物的數量銳減，加上智人的狩獵團隊實力太過堅強，導致不少大型動物滅絕。

如今狗不只當獵犬，還變身警犬、導盲犬，扮演各種角色，與人類一起生活。

特別專欄

從狼馴化成犬

狗是野狼與人類共同生活之後誕生的新種，有些人稱牠們為「家犬」。

目前雖然還不清楚狼是在什麼時候被馴化成狗，不過可以確定的是，大約 3 萬 5000 年前的狼化石已經出現明顯的狗特徵。

目前全世界已知的犬種有超過 300 多種。

尼安德塔人的滅絕

在智人進入歐洲定居後，至少有數千年的時間與尼安德塔人和平共存。遺憾的是，大約在四萬年前，尼安德塔人面臨了滅絕的命運。

尼安德塔人滅絕的原因有各種可能，包括冰期氣候的劇烈變化，大規模火山爆發等等。也有人認為尼安德塔人無法承受自然環境的變化才會滅絕，但也有專家認為他們與智人之間溫和的生存競爭，導致其數量逐漸減少。

不過，尼安德塔人並未完全消失。根據最新研究，現代人之中有幾個百分比的人類繼承了尼安德塔人的ＤＮＡ。

▲尼安德塔人生活的洞穴。

影像提供／Gibmetal77／Wikimedia Commons

實感帽

我在玩幻想的遙控飛機啊。
幻想的？
因為爸媽又不可能買給我，可是我又好想要……
所以就用幻想的？
真令人同情啊！
ホロリ
你要給我遙控飛機嗎？
你想得太美了。
「實感帽」。
只要戴上它然後在腦海中想著想要的東西的模樣，
眼前就會出現所想的東西了。
也就是說，會出現實物囉？
哪有那麼好的事情？
那只是幻影而已，
所以旁人是看不到的。
那就不好玩了。
不過，對本人來說，跟真的沒兩樣。

仔細想想所要的遙控飛機是什麼模樣。
盡可能詳細點，
包含顏色之類的。
※嗡～
啊，出現了！
※咚咚
有了！
可是，樣子好醜喔。
雖然我看不見，
可能是你想的樣子不好看吧？
看著書裡的廣告圖片，仔細想像。
我要開始囉！
要正確！
仔細點。
有了！
這真的是幻影嗎!?
不管是重量還是觸感，都跟真的一模一樣！
還有機油的味道呢！
那太好了。

人類演化追蹤槍Q&A

Q 智人住在地球上的所有陸地。這是真的嗎？

哆啦A夢，
謝謝你借我這麼好的道具。
我送你像山一樣高的銅鑼燒，當作是謝禮吧！
來，請用！你不用客氣。
※咬
很可惜，那些幻影只有你自己才看得到。
真的嗎？
是喔……
パク
真好吃！口感就像真的一樣。
※大口咀嚼
這麼好吃的東西，你吃不到還真是可惜耶。
ムシャムシャ
パクパク
肚子好飽喔。
就算是幻影也沒關係。
因為對我來說，就跟真的沒兩樣。
真是一頂超棒的帽子啊！
拿出去試飛看看。

A 假的。智人確實住在所有大陸上，但海洋中還有無人島，因此不算所有陸地都有智人居住。

人類演化追蹤槍Q&A

Q 去氧核醣核酸的簡稱是？ ① DVD ② DNA ③ DSLR

A ② DNA。DVD是燒錄影片的大容量光碟；DSLR是數位單眼相機。

※揍、揍
ボカ
ボカ
恥笑我，下場就是這樣！
？
？
你一個人在那裡做什麼？
咦？真的嗎？
要戴戴看嗎？
好啊！
好棒喔！
真的出現了耶！
謝謝你。
妳抱著什麼東西啊？
你們看不見嗎？是個很漂亮的洋娃娃喔。
咦？只要戴上那頂帽子？
什麼都能變出來？

借我！
獅子，快去攻擊他！
對喔，別人是看不到幻影的。
我想要的東西嘛，有這個、那個還有……
出現了！
哇，這個好帥氣啊！
這個好好吃喔。
這個也好棒喔！嘻嘻嘻嘻……
到底出現什麼了啊？好羨慕喔。
還給我啦！
先借我一陣子。
這頂帽子真好，乾脆別拿下來了。

嗚……
還在追我啊！
快點給我消失啦！
胖虎他在怕什麼啊？

居住在世界各地的智人

數次離開非洲

插圖／加藤貴夫

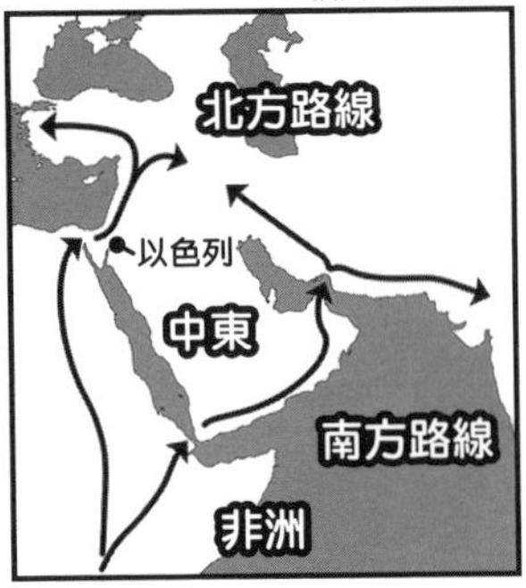

在現在已經遍布於世界各地的智人，是從距今大約六萬年前正式離開非洲的。

北方路線穿越沙漠，南方路線則橫渡海洋，前往其他大陸。

特別專欄

第一次挑戰以失敗告終

考古學家在北方路線靠近中東以色列附近，發現了大約 19 萬年前的智人化石，這表示有一群人類比現代人的祖先更早離開非洲。

話說回來，地球在 10 萬年前開始進入冰河時期，氣候變得寒冷。這群人類很可能在此之後往南移動，或就此滅絕。

穿越東南亞前往澳洲

從中東前進到南亞的智人群體，大約在五萬年前進入到東南亞。考古學家在寮國和馬來西亞兩地，都有發現四萬多年前的智人化石。在澳洲也有發現大約四萬年前的化石。由此可以推估出，智人當初橫渡海洋的前進路線。

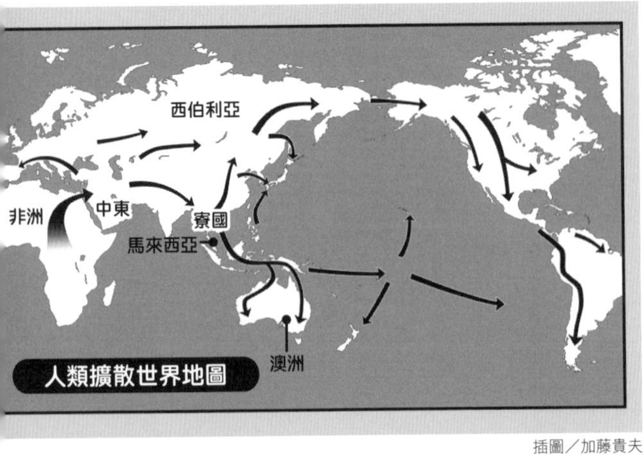

插圖／加藤貴夫

穿越西伯利亞進入東亞

另一方面，從中東往北前進的人類族群，大約在四萬五千到三萬年前抵達西伯利亞。這個時期的西伯利亞平均氣溫約在攝氏零下十度，屬於極為嚴寒的環境。人類在此用火，利用毛皮製作衣服，打造豎穴式住所避寒。此地還有長毛象等許多大型動物，糧食豐富，人類利用長毛象牙製作雕刻或人偶，發展出活躍的藝術文化。同一時期，早期智人丹尼索瓦人也在此生活，因此專家認為兩者之間可能有所交流。從西伯利亞南下的部分人類也來到包括日本在內的東亞地區。

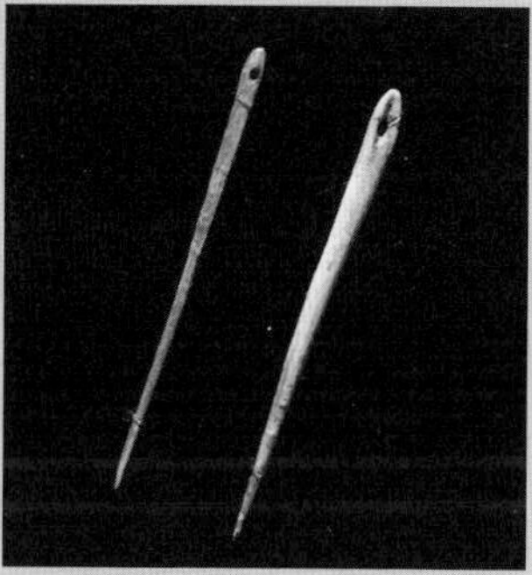

▲縫製衣服的針。

攝影／大橋賢　拍攝協助／日本國立科學博物館

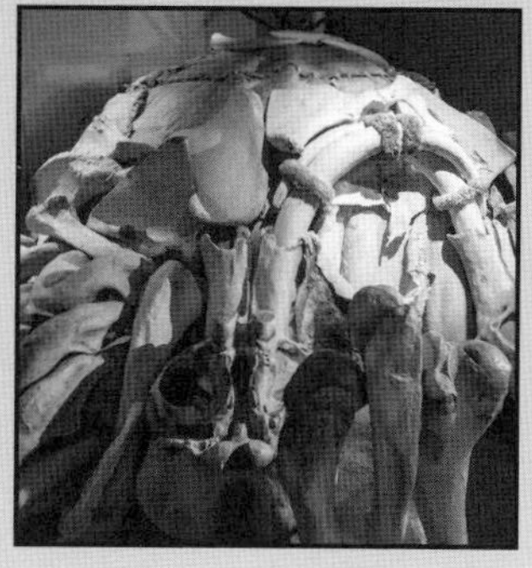

▲以長毛象骨骼建造的住所。

前往南北美大陸

冰河時代的西伯利亞和美洲大陸之間，由一條白令陸橋連接，智人大約在三萬年前抵達白令陸橋，但氣候越來越嚴寒，白令陸橋和大陸之間受冰雪阻礙，封閉了一萬年以上。冰期結束後冰雪融化，智人穿越陸橋抵達美洲大陸，此為內陸路線。另一群人類乘坐船隻沿白令陸橋南岸沿海往下走，此為沿海路線。考古學家在南美智利蒙特維德遺址發現約一萬四千五百年前智人抵達此處的痕跡。

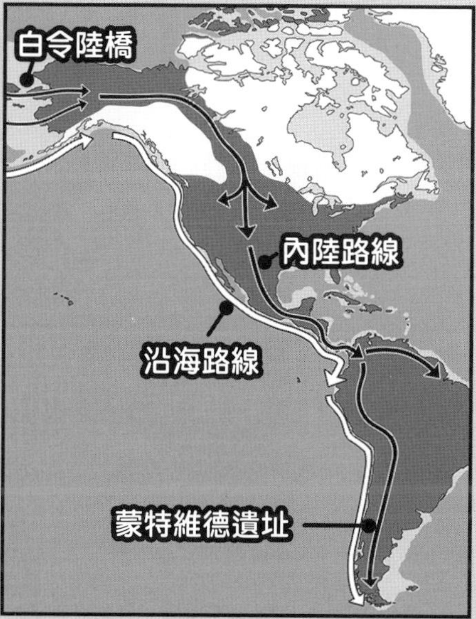

▲穿越冰河，足跡擴及南北美大陸。

插圖／加藤貴夫

人類開始擁有語言能力

鳥類與動物會用聲音進行溝通，但沒有任何生物像人類一樣使用複雜的語言。

要說複雜的語言，必須具備可以理解語言、活動身體的大腦功能，以及可以精準發音的喉嚨構造。

人類開始直立雙足行走之後，身體型態出現改變，頭顱位於頸部正上方，嘴部到頸部的形狀改變，聲帶上方的空間變寬，有助於發聲並讓智人學會發出複雜的聲音。舉例來說，日語除了基本的五十音之外，還有濁音、半濁音與促音，排列組合後形成超過一百個以上的音。換句話說，當時的人類已經具備運用複雜語言的能力。

語言無法像化石那樣保存下來，因此無法精準驗證語言是什麼時候出現的。不過，十萬年前的人類已經使用製作精良的工具，為了將工具的製作技術傳承給下一代，需要能表達複雜意思的語言。專家由此狀況推斷，十萬年前的人類已經會說話。專家發現了大約八千年前的文字，這是目前已知最古老的語言紀錄。

插圖／加藤貴夫

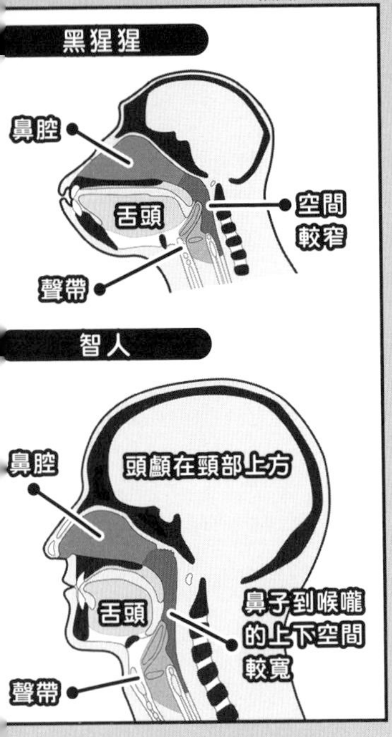

特別專欄

尼安德塔人會說話嗎？

尼安德塔人擁有比現代人還大的腦，喉嚨與頸部構造也幾乎相同。雖然舌頭是肌肉，無法留下化石，但從舌骨（支撐舌頭的骨頭）化石來看，其嘴部與舌頭功能很接近智人，推測也和智人一樣會發聲。儘管尼安德塔人沒留下語言，但很可能是智人以外，唯一會說話的人類。

使用工具適應環境

幾乎所有生物都能因應環境演化出適合的體型與能力，繁衍出各式各樣的物種。

話說回來，誕生於非洲，如今無論處於草原、森林、高山、海島或雪國，遍布全球超過七十六億的人類，全部都是智人種。

天冷了就穿衣，如果沒有適合居住的洞穴就自己蓋房子，不管周遭環境如何變化，人類都能做出相對應的工具，不斷改良發展。簡單來說，人類並未出現「繁衍新種」這樣的大轉變，而是利用技術能力適應環境。

特別專欄

智人居住在所有大陸

智人遍布世界各地，唯一無法住人的地方是南極大陸。

南極大陸受到暴風雨和洋流阻擋，極難登陸，更創下地球最低氣溫紀錄（-94℃），幾乎沒有任何生物棲息。雖是不適合居住的環境，但目前包括日本在內，世界各國派遣的南極觀測隊在南極建造了基地，在那裡生活。所以可以說，如今智人確實是遍布地球上的所有大陸。

跨入海洋的海上民族登場

智人最早是在六萬多年前學會橫渡海洋的原始方法，直到四萬年前左右踏上澳洲土地。這個時期的船十分簡陋，使用草、竹子、圓木等容易浮在水上的材質，再用藤蔓綑綁在一起做成筏。

末次冰期結束前，在大約一萬五千到一萬年前之間，人類開始大舉前進海洋。當時氣候逐漸變暖，冰雪融化，海平面上升，渡海技術提升的人類遷徙至太平洋的各個島嶼。

大約一萬年前有一群人類定居於海邊與河口，以貝類為主食。考古學家發現了他們丟棄貝殼所形成的貝塚遺跡。

插圖／佐藤諭

DNA研究解開智人的進化之謎

直到二十世紀末，學界存在著兩個對立的人類起源假說，分別是在各地區進化成現代人的人類多地起源說，與現代人類晚近非洲起源說。不過，根據DNA研究結果，現代人類晚近非洲起源說較為有力。

同樣的，也有專家研究只有男性繼承的Y染色體變化，追溯人類起源，結果找到的是存在於大約三十萬到二十萬年前的某位男性。DNA研究已成為解開人類進化之謎不可或缺的新技術。

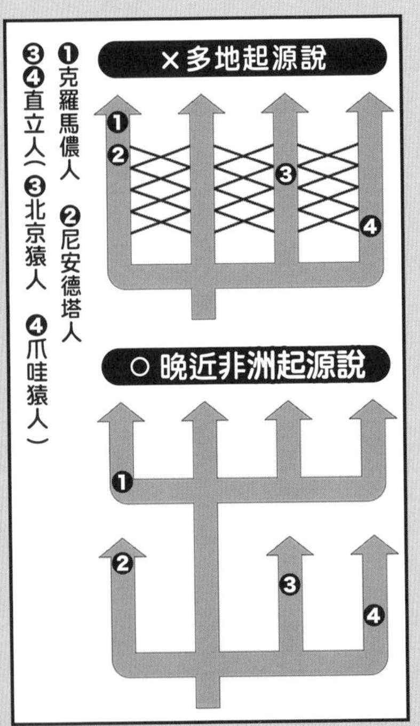

插圖／加藤貴夫

利用粒線體DNA探索智人起源

粒線體是存在於生物細胞內的胞器，其中的DNA與細胞核的不同，擁有專屬於己的遺傳物質和遺傳體系。粒線體DNA產生突變後，產生出和祖先不同的基因，每一個不同的基因稱為單倍群。由於粒線體DNA一定是由母親遺傳給小孩，因此若追溯單倍群的變化，就會找到所有現代人的共同母親。隨著實際研究進展，確認了現代人的共同女性祖先居住在大約二十萬年前的非洲。

插圖／加藤貴夫

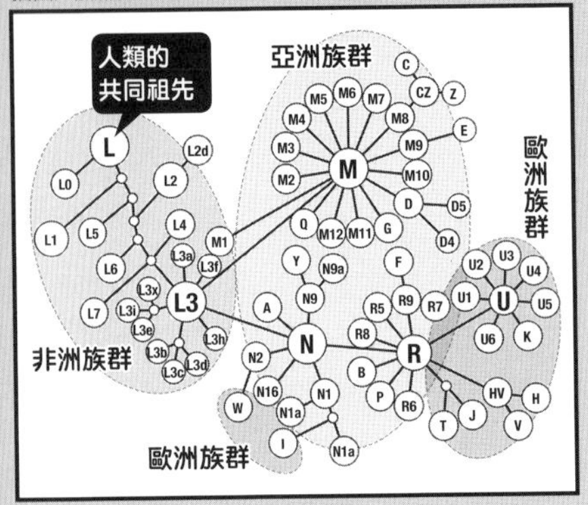

▲ 粒線體 DNA 形成的單倍群。

插圖／佐藤諭

細胞核DNA分析 提供更詳細的進化細節

細胞核DNA是由許多比粒線體DNA還大的DNA排列而成，成為目前學界積極研究的目標。由於細胞核DNA繼承自父母雙方，只要得到單一個體資料，就能分析出混血程度、族群分支年代、推定祖先來源，甚至還能看出個人的身體特徵。

考古學家在歐洲的阿爾卑斯山上，發現了一具大約五千三百年前的男性冰凍木乃伊「冰人奧茨」。科學家分析其細胞核DNA，以探索粒線體DNA無法釐清的血脈系統。分析的結果發現，其與南歐族群有最接近的關係，遺傳特徵特別接近西南歐族群。「冰人奧茨」的血型為O型，屬於高血壓與心臟病的高風險群。

智人身上留存著其他人類的DNA

隨著科技的發達，我們已經可以從數萬年前的化石中萃取DNA資訊並加以比較，結果發現現代人繼承了尼安德塔人、丹尼索瓦人等已經滅絕的人類DNA。其中一部分很可能有助於我們提高免疫力。

若是從與其他人類混血的這項事實來看，現代人類晚近非洲起源說很難解釋現代人的DNA。智人也很有可能在各自生活的地區與其他人類交流，學會了適應各地區生活的能力。這一個論點也就是目前最受矚目的人類多地起源說。

特別專欄

未知人類的痕跡

根據智人的DNA研究，發現除了尼安德塔人、丹尼索瓦人之外，智人體內還有另一種未知人類的DNA。

由於是未知人類，我們不清楚他是生存在什麼時期、住在哪個地方，也不知道外表長什麼樣子。

未來如果我們能從化石中萃取出DNA，或許能更進一步了解未知人類的詳情。

石器時代的國王
就是這個！
原始人的生活

非常適合我的時代！
什麼？
就是石器時代啊！好幾萬年前，人類過著像猴子一樣的生活。
那時他們應該不知道有電燈、汽車、飛機等等方便的東西吧？
那就由我來教他們這些知識。

Q 牙醫起源自新石器時代。這是真的嗎？

比如說，
那個時代還得鑽木取火，一定很辛苦吧！
我只要拿起火柴輕輕點一下，
他們一定會嚇一大跳。
※照射
到了晚上一片漆黑，他們沒有電燈，
野獸會趁機偷襲他們……
只要我拿起手電筒一照，
ピカ
野獸就會落荒而逃，
大家一定很開心。
※照射
錄音機的搖滾音樂，絕對會引起騷動的！
所有人都會以為是魔法，嚇得直發抖。
再也沒有人瞧不起我。
搞不好還會請我當國王。
會這麼順利嗎？
哆啦A夢你不用來沒關係，
國王一個人就夠了。

A 真的。新石器時代的人類骨骼，留有以石器鑽頭在牙齒鑽洞的痕跡。

只要回到十萬年前就可以了吧！
我專屬的世界。
這裡住著一些文明尚未開化的人類，
就好像剛出生的嬰兒一樣，什麼都不知道。
我來教導你們知識，帶領你們走向文明。
說不定這些人像猩猩一樣粗暴……
不過只要我用愛去感化他們。
我想他們一定會接受我的。

怎麼會這樣？
連一個村莊都沒有。
從早上走到現在，一個人影也沒看見。
仔細想想也對，
十萬年前，人類的數量那麼少。
而且分散在地球各個角落生活，
覺得自己好傻，
回家吧！
糟了！
每次用「時光機」，我總是忘記出口在哪裡……
※驚慌失措
オロオロ
想問路也沒有警察局。
這下可糟了。
ウロウロ

人類演化追蹤槍Q&A

Q 新石器時代的女性在哪一方面比現代女性更出色？①身高 ②體重 ③肌力

A ③肌力。根據四千年前女性骨骼的研究結果，發現當時女性的腕力比現代女性強。

是石器時代的人！
原來是你們救了我啊？謝謝。
原始人聽不懂大雄說的話。
他不會說人類的語言，
果然是隻猴子。
這下剛好。
可以拿來當晚餐的配菜。
等一下，我想養牠。
聽不懂他們在說什麼，不過一定很尊敬我。
沒辦法，小魯就是愛動物。
要好好照顧牠、疼愛牠喔！
好好笑！這傢伙長得好像小夫。
綁緊！

人類演化追蹤槍Q&A

Q 歷史用語中，「史前」指的是什麼？①沒有文字的時代 ②沒有語言的時代

A
①沒有文字的時代。沒有文字紀錄的時代稱為史前時代，有文字紀錄的時代稱為信史時代。

※劃、劃

人類演化追蹤槍Q&A

Q 若將地球46億年歷史比喻為一年，人類開始農耕大約在一年結束前多久？①半年 ②一個月 ③一分鐘

既然如此，我只好拿出法寶。
這可是魔法箱。
不但會講話，還會唱歌喔。
原來這個時代聽不到廣播啊。
手電筒的電池也沒電了，
魔術也忘了要怎麼變…
我沒有其他東西了啦！
溜之大吉。
我的猴子不要逃。
居然不聽主人的話，把你煮來吃。
?
浮起

A ③一分鐘前。人類開始農耕是在一萬年前左右。就地球歷史而言，時間相當短，不過人類在短時間內進步得十分神速。

人類演化追蹤槍Q&A

Q 人類從新石器時代就開始吃哪種食物？

① 鬆餅
② 牛肉蓋飯
③ 巧克力

※咚、咚

A

①鬆餅。專家找到證據顯示人類從五千多年前，就開始吃以磨碎的小麥和水混成麵糊再烤熟的食物。

人類演化追蹤槍Q&A

Q

人類從四千年前就使用沖水馬桶。這是真的嗎？

A 真的。專家發現希臘克諾索斯宮的土製馬桶有一根用來沖水的土製管子。

是誰導致大型哺乳類大量滅絕？

智人登場與大型哺乳動物滅絕

地球擁有四十六億年歷史，包括現代在內，共經歷了好幾次「冰河時期」。冰河時期指的是受到地球與太陽之間的距離變動影響，整個地球會重複多次極度寒冷的冰期，產生劇烈的氣候變遷。

地球目前正處於寒冷趨緩的「間冰期」，最近的冰期在大約一萬八千年前到達顛峰，當時的地球平均氣溫比現在還要低大約十度左右。大型哺乳動物在這樣的環境中開枝散葉，體型遠大於現今的陸上哺乳類。

與裝在一個小杯子裡的熱水相比，放滿浴缸的熱水冷卻速度肯定比較慢。同樣的道理，體型越大的生物在嚴寒的環境裡更容易維持體溫。這應該就是當時的哺乳類體型較大的原因。

不過，大型哺乳動物卻在冰期結束之時，突然消失在地球上。

從地球上消失的大型哺乳類動物

▲全長超過 5m 的大象近親。全身覆蓋體毛，適合在寒帶生活。

▲全長超過 3m。外表看似熊，其實是無尾熊和袋鼠的近親。

▲劍齒虎的近親。以長達 30cm 的尖牙攻擊長毛象。

▲全長超過 2m 的陸龜近親。頭上有一對角。

插圖／加藤貴夫

原因是地球暖化？還是人類的「濫殺」？

研究學者們對於冰期結束時大型哺乳類消失的原因有著不同看法。

有人認為是「氣溫急遽上升，習慣寒冷氣候的動物紛紛中暑死亡」，也有專家提出「當時爆發致死的病毒疫情」等各種意見。

除了這些假設之外，還有另一種說法引起注意。那就是人類的濫捕行為，簡單來說就是「濫殺」。

大型哺乳類動物的滅絕與智人遍布世界各地的年代一致。換句話說，人類為了尋求食物與毛皮，長距離遷徙至不同大陸，期間大量獵捕大型哺乳類動物，導致大型哺乳類動物滅絕。

當然，光靠「人類真兇說」無法解釋大型哺乳類動物的滅絕原因。在同一個時代、同一個地點生存的其他動物並未滅絕，代代相傳至今，這又是為什麼？為什麼不適合人類食用的動物遭遇滅絕的命運？若說這一切都是人類造成的，似乎也有許多不合理之處。

目前學界最有力的說法認為，冰期結束引起的氣候變動、病毒流行爆發疫情，加上人類出沒等種種原因相互影響，才造成這樣的結果。

無論如何，懂得製作工具、具有高度狩獵技能的人類祖先，早在一萬多年前就已經擁有足以導致其他生物滅絕的能力。

插圖／佐藤諭

▲面對無法獨自獵捕的大型動物，人類會全家出動一起獵捕。

大地懶

▲全長達 8m 的巨型樹懶。體型相當於現代的非洲象。

氣候變遷與開始農耕

地球變暖，生活型態改變

人類誕生於地球的大約七百萬年之間，過著採集樹木種子與果實、獵捕動物的「狩獵採集」生活。即使人類開始遷徙且遍布世界各地，依舊維持了一段「狩獵採集」的穩定生活。

不過，就在末次冰期即將結束之際，面臨氣候環境急遽變遷，人類發展出更能有效獲得食物的新方法。那就是開墾菜田與稻田，以及豢養家畜的「農耕」與「畜牧」生活。

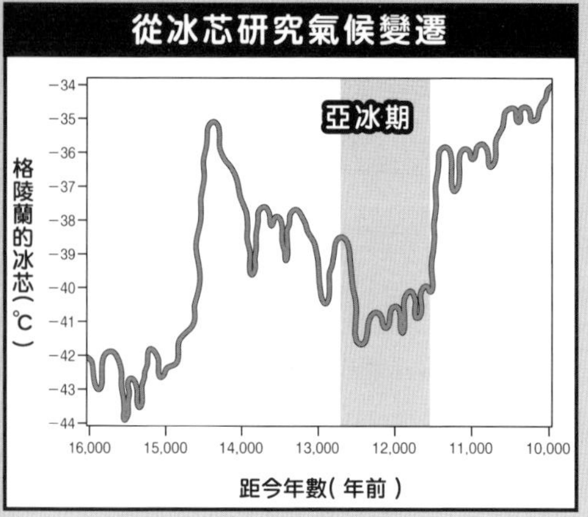

學會改變環境的能力

地球上的所有生物都在不斷的尋找適合生活的地方棲息，即使在同一座森林或平原裡居住著各種不同的生物，各物種的生活場所也都會互相錯開，或是在不同時段或季節進行繁衍活動。簡單來說，豐富的物種巧妙共享有限的地球土地。

如果環境突然產生變化，打破原有的生態平衡，生物們就必須重新適應新環境，或是另外尋找其他適合的地方生活。若是做不到其中之一，可能就要面臨滅絕的命運。在漫長的地球歷史中，就是像這樣不斷上演著生物的滅絕和演化。

同樣的，生存於狩獵採集時代的人類也必須為了適應環境，另外尋找食物來源豐富、易於生存的地方。從這一點來看，人類就像其他動物一樣，將自己的命運託付給地球環境的變化。

不過，當人類發展出農耕和畜牧的能力之後，就成功躍升至與其他自然界動物截然不同的等級。人類自此成為地球上唯一會積極改變自然環境的生物，例如開墾森林、生產農作物、豢養家畜等，大幅改變了此後的地球環境。

農耕比狩獵更辛苦！

話說回來，當時的人類並非為了提升現有生活，開始從事農耕與畜牧。

各位不妨想像一下從無到有開展農業的情景，而且還是在沒有農耕機、拖拉機的一萬多年前。耕耘廣闊的土地，撒種子、除雜草……所有工作都要靠人力完成，真的很辛苦。科學家曾經研究當時從事農耕的人類骨骼，發現許多人的膝蓋關節磨損，駝背情形嚴重，甚至罹患椎間盤突出等疾病。

此外，當時並沒有品種改良技術。耗費大量時間，嘔心瀝血栽培的作物受到日照、病蟲害影響，一夕之間毀於一旦的情形想必為常態。

相較之下，只要尋找當天要吃的食物，想打獵就打獵、想摘果實就摘果實的狩獵採集生活，不僅輕鬆也更有效率。

話說回來，為什麼人類要捨棄狩獵採集，轉換到農耕與畜牧生活呢？專家認為這應該與冰期結束帶來的氣候變動有關。

冰期結束時，地球會越來越暖和。全世界的平均氣溫大約上升了攝氏十度，南極與北極的冰雪融化，海平面上升超過一百公尺。

相信不少狩獵採集民族原本追捕獵物、採集果實的平原與森林，全都沉入海裡。

如此一來，人類只好被迫離開原本住慣的地方，無法再過狩獵採集的生活，於是轉而從事農耕和畜牧，重新展開新生活。

插圖／加藤貴夫

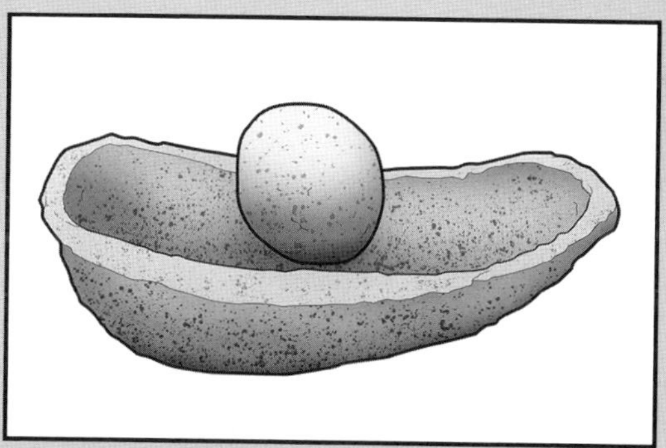

▲人類開始吃穀物後使用的石器。將穀物放進研磨缽狀的石器裡，以石頭磨碎穀物，完成加工。

新石器時代與「城市」的誕生

從移居生活到群居生活

人類的農耕與畜牧生活開始於一萬年前左右，稱為「新石器時代」。隨著生活變化，工具的加工技術也跟著進步，人類發明出各種形狀複雜、磨製精良的石器。定居在同一個地方，栽種作物，豢養幾頭動物，取得乳類和肉類，這樣的生活型態迫使人類必須提升自己使用的工具。

從田地和牧地有效取得大量食物，還能儲備多餘糧食，以防糧食不足之需。為了管理田地和牧地，栽種穀物、豢養家畜，取得穩定食物，人類必須齊心合作，於是漸漸形成聚落。

糧食生產量穩定，人口慢慢增加後，聚落的所有居民無須投入所有心思與體力生產糧食。這個結果讓所有人共同分擔日常生活的大小事，產生新的工作職責，最後聚落發展成一個大型共同體，也就是「城市」。

插圖／佐藤諭

人類第一個「城市」誕生

杰里科遺址誕生在新石器時代大約八千五百年前，至今仍保留當時的樣貌。

遺址中的房屋是由黏土或泥磚與石頭興建而成，房子裡有幾個房間，還有煮飯洗衣的地方。也有倉庫可以存放收穫的穀物等糧食。

攝影／大橋賢　拍攝協助／日本國立科學博物館

▲新石器時代的石器研磨得十分精良，創造出可收割穀物、砍倒樹木的石器。

堅固耐用的房子和儲藏食物的倉庫，這些建築物的存在代表人類定居於此，而且居住時間很長。狩獵採集時代的移居生活已成為昨日黃花。

不僅如此，杰里科遺址中還有人類為了面對及對抗天災建造的建築遺跡。冰期末期海平面上升，各地頻繁發生淹水與山洪，遺跡裡有用來阻擋洪水的高牆。

在杰里科欣欣向榮的時代，其他地方也形成同樣的城市。專家認為這些城市開啟了以物易物的貿易方式，事實上，考古學家就在杰里科遺址中發現生產於幾百公里之外的礦石。

奠基於農耕和畜牧的生活型態演變，創造了聚落，形成城市。

城市之間的貿易往來也建立了人際網絡，進一步的擴大了城市規模。

隨著時間更迭，小城市逐漸發展成大都市，然後再發展成國家，成為了人類建構高度文化的契機。

▼杰里科遺址位於巴勒斯坦的約旦河西岸，是全世界第一座外圍有高牆的城市。

影像提供／Shutterstock

野生寵物小屋

因為金絲雀小皮太吵了，
所以在屋子裡四處一看……
結果！爐子上的瓦斯管，竟然脫落了。
真是危險哪。
如果沒注意到，就會瓦斯中毒了。
是小皮救了我。
這麼說起來，我家養的酷哥也是……
曾經有小偷想闖進來，
結果被牠抓到了。
我家有血統證明的暹邏貓安娜也是！
媽媽有個價值一千萬圓的鑽石不見的時候……
就是被牠找到的。

動物真是可愛啊。
只要好好疼愛牠們，一定會報答主人的。
我也好想養動物。
然後碰上瓦斯中毒或是遭小偷光顧。
既然要養，就養獅子、大象之類的，讓大家嚇一跳。
別胡說了！
媽媽最討厭動物了。
我知道啊。
如果是哆啦A夢，一定會有辦法吧？你可不是普通的機器人喔！
也對，既然你這麼說……
「野生寵物小屋」。
這、這是什麼!?

人類演化追蹤槍Q&A

Q 人類從何時開始養狗？①約三萬五千年前 ②約一千年前 ③約一百年前

A ①約三萬五千年前。考古學家在三萬五千多年前的人類住家附近發現狗的骨骼，狗應該是從這個時期開始幫助人類打獵。

是大象寶寶!!就養這個吧!!
可是，只有一頭也太奇怪了。
小象一定會在象群中，被成象保護才對啊。
會不會是脫隊迷路了？
牠沒什麼精神。
可能是肚子餓了吧。
給我牛奶！

人類演化追蹤槍Q&A

Q 泰國人自古喜愛的生物是什麼？①老鼠 ②獨角仙 ③大象

A ③大象。大象在泰國人的生活與信仰扮演重要角色，有一說認為白象是佛陀的化身。

只有那些是不夠的。
我想要裝滿一整桶。
被罵了。
「放大燈」。
不喝嗎？
大象可能不喝牛奶喔。
如果死掉怎麼辦？
試著把「桃太郎丸子」摻進去吧。
無論什麼動物，都會吃的。

太好了，恢復元氣了。
你的名字就叫小花吧。
牠會跟著我走耶！
真可愛。
吃飯囉。
不能帶牠回去啊。
晚上不知會跑到哪裡去。
放心吧。
只要把刻度盤鎖定好……
カチ
不論何時、牠到哪裡去……
只要按下按鈕，出口就會在牠的身旁打開。

※喀喳

人類演化追蹤槍Q&A

Q 有個國家的寺廟將老鼠視為神聖的動物供奉。這是真的嗎？

A 真的。印度的卡爾尼・瑪塔神廟將老鼠視為幸運象徵，放養大量老鼠。

※嗚～
パオーン
是小花的聲音!!
※喀嗒
怎麼了啊？
カチ
哆啦A夢，快過來看啊！
※注視、注視
ウ
ウ
是鬣狗群！就算是象，也還是小孩啊！要是牠們衝過來的話，那就完了。
在牠再長大一點前先過來吧……
到了早上……
就要送回非洲喔！

人類演化追蹤槍Q&A

Q 哪個動物在某個文明中被視為神祇崇拜，其他地方卻將其視為惡魔？①牛 ②猴子 ③蛇

A ③蛇。蛇自古就被許多宗教視為神祇，基督教卻將蛇視為教唆人類使壞的邪惡象徵。

人類演化追蹤槍Q&A

Q 星座有數千年的歷史，下列哪個星座以前有，現在卻消失了？
①章魚座
②貓座
③倉鼠座

A
②貓座。過去存在著各式各樣的星座，如今的星座是以一九二八年國際天文學聯合會定義的88個星座為準。

人類演化追蹤槍Q&A

Q 在闡述天文學和數學起源的傳說中，最常出現的是哪種職業？①猴戲 ②弄蛇者 ③牧羊人

A ③牧羊人。傳説中牧羊人在放羊時發現了星星的活動，並發明出數羊的方法。

快點過去吧。
忘了嗎？那是你媽媽啊！
※嗚嗚～
バルルル…
似乎想起來了。
好像鬆了一口氣，但又覺得有點寂寞……
牠在非洲一定會過得很幸福的。

豐富的生活萌生文明

大河附近的人口逐漸增加

在新石器革命以後，人口日益增加，人類發展出社會制度與精良技術，建構文明世界。人類的生活脫離不了水，因此水量充沛的大河附近出現了高度文明。

大河也扮演著運送人與貨物的「通路」角色，在沒有汽車和火車等交通工具的時代，交通往來主要靠船隻接駁。

在世界各地建構的文明

文字的發明是文明發展的必備條件

人類搭船到遠方城市交流，以自己生產的物資交換當地才有的農產品和礦物，這就是貿易的起源。

以物易物時必須給予承諾或達成約定。不過，口頭約定很容易忘記，也不清楚對方是否守信。為此，人類決定以文字寫下彼此的約定。

目前已知人類至少在八千年前就已經開始有文字的使用，最初的文字不像我們現在使用的敘述式語言，而只是單純表示物品與數量的圖案與符

刻在黏土板的楔形文字

影像提供／Shutterstock

號。商業買賣最重要的就是能夠正確記錄交換幾個什麼樣的物品。

最初用來記錄以物易物相關細節的文字隨著時間不斷改良，變成更能輕易表達各種事物的方法。

發展到後來，文字不再只是單單用來做買賣時的紀錄，逐漸變成記錄自己日常生活與社會樣貌的文字。而文字流傳至後世，也成為當地發展獨特文明的重要元素之一。

羅塞塔石碑放大圖

羅塞塔石碑

▲ 1799 年拿破崙遠征埃及時所發現的文物。石碑上以三種文字刻著相同內容。

「金屬」與「馬匹」帶來強大的軍事力量

文明發達增加人類的交流機會，同時也引發爭奪資源和領土的戰爭。有些人為了以蠻力制伏敵人，開發更強力的武器。新石器時代盛行削尖石頭做成的石弓和石斧，人類後來利用青銅製作成劍與盔甲，取代石製武器。

唯有在數量與速度上贏過敵人，才能在戰場上勝出。因此有人開始招集戰士，組織專門打仗的軍隊，並訓練可以長距離快速奔跑的馬匹，作為打仗時的代步工具。從結果來看，戰爭促進技術與發明。若在戰爭中贏得勝利，擴展勢力的強者得以建立更強大的國家。

▼描繪西臺人征戰情景的雕刻。刻著西臺士兵乘坐馬車，手執弓箭，打倒敵人的英姿。

誕生於大河流域的四大文明是什麼？

天文學的起源 ～美索不達米亞文明～

蘇美人認為「這個世界存在於一個巨型圓盤上，上方有一個開著許多小洞的圓頂」。蘇美人相信從小洞滲漏下來的光是天堂的火焰，因此每天晚上都很仔細觀察夜空。從小洞滲漏下來的光其實就是夜空中閃耀的星星。換句話說，蘇美人每天晚上都在觀測天體。

蘇美人還發現星星活動的規律，除了水星、金星、火星、木星、土星等行星外，還有月亮和太陽，並發明了曆法。

插圖／加藤貴夫

▲蘇美國王吉爾伽美什，在半神半人的幫助下高舉太陽的雕刻。

以「天神化身」之姿統治世界 ～古埃及文明～

在古埃及文明中，統治者擁有絕對權力，獨占龐大財富，可以說是人類歷史上第一個中央集權的文明。

統治者被尊稱為法老，是以人類之姿降臨於世的天神化身。人民相信唯有效忠神祇，亦即為法老鞠躬盡瘁，

▼此畫卷描繪神祇測量死者心臟的重量，決定靈魂去向。

影像提供／ Shutterstock

死後才能進入天國樂園「雅盧」，永遠過著幸福快樂的日子。

有鑑於此，埃及人民為法老興建大型神殿與墳墓。其中最有名的就是至今還存在的「古夫金字塔」，堆積的石塊超過三百萬個，完成時的高度約達一百七十四公尺。直到現在，專家仍無法解釋這座大型建築物是採用何種工法建造而成。

金字塔是由君主法老的絕對權力和埃及卓越的技術建造出來的，唯有蘊藏豐富資源的尼羅河流域才能實現此創舉。

特別專欄

豢養寵物貓的古埃及人

古埃及人有儲藏農產品的習慣，無奈倉庫中的糧食老是被老鼠吃光。為了解決鼠患，古埃及人都會在家裡養貓驅趕老鼠，建立了人貓共存的關係。古埃及人將貓視為神祇，慎重對待的態度早已超越寵物，甚至死後還會將貓做成木乃伊。

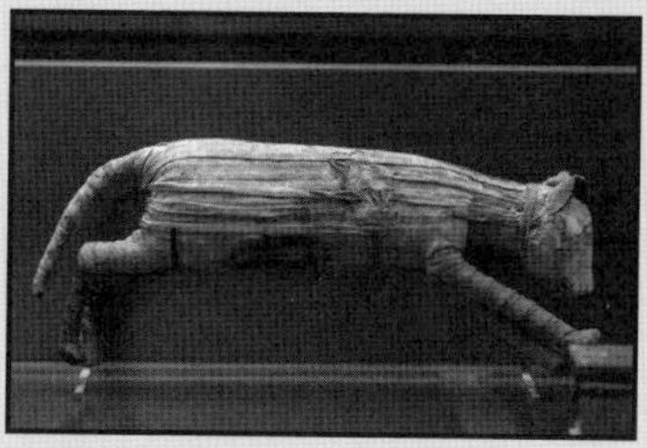

影像提供／Shutterstock

絲綢發明創造財富 ～黃河文明～

中國從三千年前到現在，一直延續著特有的文明。中國最早的文明發源於六千年前左右，在中國第一與第二長的河流——長江與黃河流域，分別誕生了數百人的村莊。

中國生產稻米，並且活用製鐵與絲綢生產技術逐漸壯大。從家蠶幼蟲的繭抽取出絲線，利用這種帶有美麗光澤和高強度的高級纖維製成絲綢，並以高價出售。絲綢經過許多商人轉手，最後傳入遙遠的羅馬帝國，價高如金，十分珍貴。

絲綢為中國帶來無盡的財富，為了能夠將絲綢賣到羅馬帝國，中國還特地打造了後來取名為「絲路」的貿易路線。

▼在中國傳說中，黃帝的妻子嫘祖是養蠶取絲的創始者。

插圖／加藤貴夫

© suronin/Shutterstock.com

▲摩亨卓－達羅遺址。除了城塞和街道遺跡之外，考古學家還找到了刻著文字的印章。。

建構出先進的大都市 ～印度河流域文明～

印度河流域文明存在於距今四千年前左右，如今留下摩亨卓－達羅與哈拉帕等遺址。

遺址裡的道路呈棋盤狀，下水道沿著道路興建，房子是由燒製的紅磚蓋成，還有公共澡堂、可容納數千人的聚會所等，整體規劃宛如現代都市。從整齊排列的建築物和公共設施來看，印度河流域文明絕對是高度文明的代名詞。

特別的是，在印度河流域文明的都市中，並沒有像其他文明城市所興建供奉著統治者的大型神殿、墳墓與宮殿。由此推測，印度河流域文明的人民應該過著貧富差距不大、人人平等的生活。

特別專欄

古埃及文明和建構在美洲大陸的文明，兩者的差異與共同點

在北非以及亞洲地區的文明誕生的數千年之後，美洲大陸才有了文明出現。

奧爾梅克人建構了目前已知最古老的美洲大陸文明，此文明發展出與其他文明截然不同的特色。

不過，兩者之間也有共同之處。奧爾梅克人從事天體觀測，創造曆法。在後來的馬雅文明時代，興建了類似古埃及金字塔的神殿。古埃及的金字塔是為皇族興建的，但在馬雅文明中，神殿是為了舉行活人獻祭，向神祇奉獻心臟而建造的場所。

影像提供／ Shutterstock

時光機失蹤記!!

人類演化追蹤槍Q&A

Q 在智人首次抵達日本列島之前，日本早已有原人存在。這是真的嗎？

A 假的。過去曾傳說有「明石原人」的存在，但找不到原人確實存在的證據，因此這種說法已遭到否定。

Q 大約四萬年前，台灣到沖繩由陸地連起，智人是走路前往沖繩的。這是真的嗎？

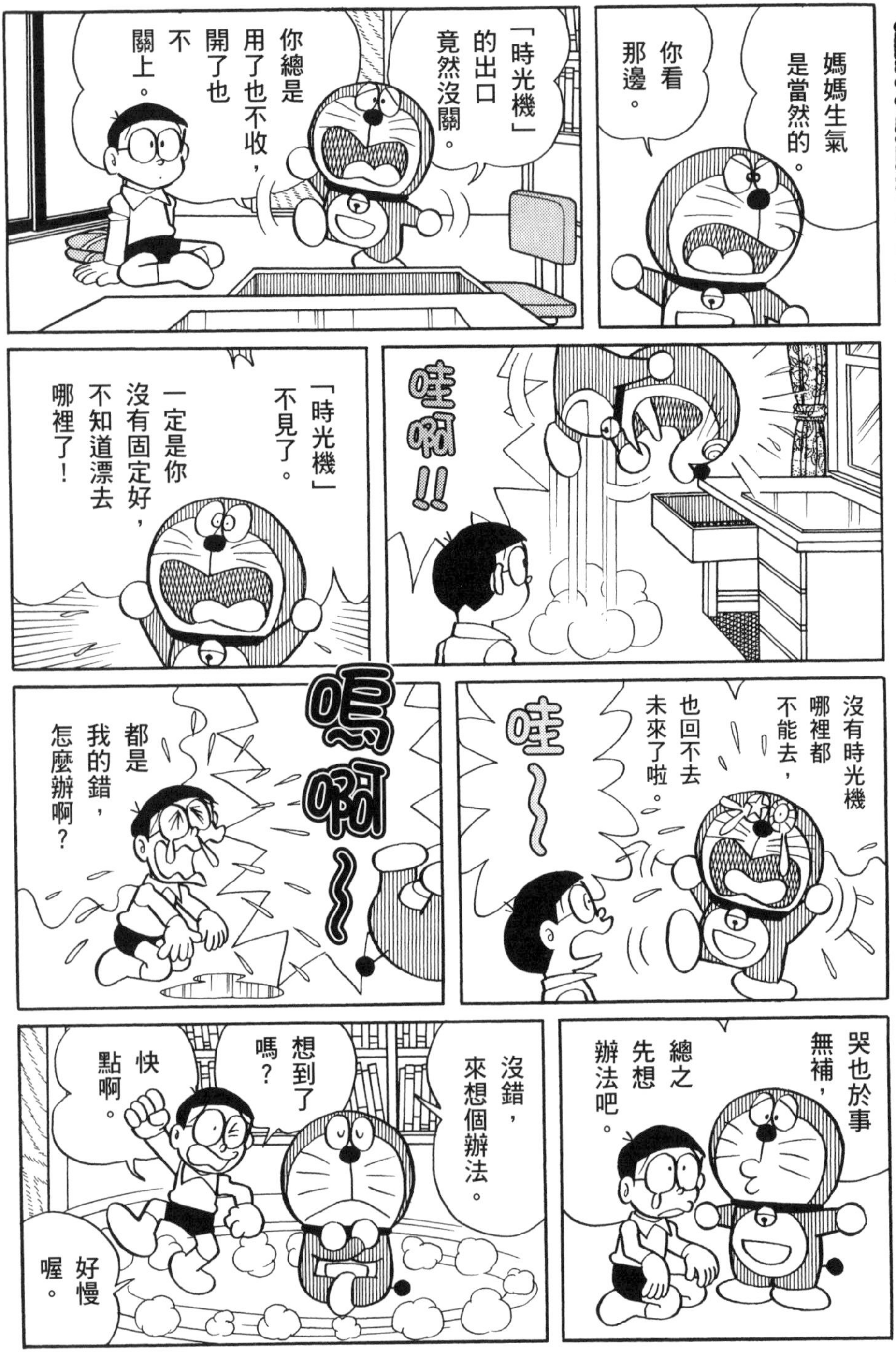

A 假的。當時台灣與沖繩之間有一片海洋，智人應該是乘船登陸沖繩。

安靜點啦！別一直在旁邊吵吵鬧鬧……
等一下……
有了!!
想到方法了嗎？
「時光腰帶」。
雖然所在場所不能改變，但是可以做時光旅行。
用這個去追蹤「時光機」。
可是不知道「時光機」去哪裡啦。
用「時光偵測器」就好了，移動的時光機會在時光隧道引起波動，可以用這個去搜尋。
走吧。
カチ
※喀喳
ビビ
ビ
ビ
※嗶嗶嗶
※嗡～

人類演化追蹤槍Q&A

Q 在日本境內找到幾處舊石器時代遺址？①約一百處 ②約一千處 ③超過一萬處

偵測到「時光機」的波動了，
逐漸回到了過去。
約位在距今一千六百年。
越來越近了。
還有五百年。
兩百……
一百……
五十……
咦……
波動停止了。
還差一點而已。
時光機不知道掉到哪一年？
總之要先離開……
時光隧道。
ジュン
※咻～

這裡是哪裡？
不是說場所不變嘛！這裡是你的房間。
只不過這裡是一千八百六十六年前。
這麼說來……
現在這個位置就是我家。
樓梯在這……
這裡是玄關。
廚房在那邊，
那裡是廁所。
要趕快去找「時光機」啊。
該從哪裡找起？
不知道。
以時光隧道的漩渦流向來看，位置應該是在西邊。
從天空很難找呢！
找村子的人問看看。

A ③超過一萬處。例如「井出丸山遺址」（靜岡縣），考古學家在那裡就找到了大約五百處超過三萬年前的古老遺跡。

這時候的村落應該很小，
沒仔細注意看會不好找喔。
但還是什麼都沒看到啊。
這個時代稱為彌生時代，還沒有開始使用文字。
日本境內分布著無數小國。
※噗嚕嚕
プルル・・・
※啪、啪
プスン
プスン・・・
プス
「竹蜻蜓」的聲音怪怪的。
※咚、咚
ドサ
ドサ
停了！
沒電池了。
拿其他的。
也沒剩很多了，
必須要珍惜使用……

人類演化追蹤槍Q&A

Q 最初從大陸前往沖繩的智人很可能未進入日本九州。這是真的嗎？

A
真的。根據DNA分析結果，舊石器時代居住在沖繩的人類很可能在沖繩當地滅絕。

日本怎麼這麼大啊。
真的找得到嗎？
一定要找到。
ガサ
※窸窣
※四處竄逃
ギャッ
ギャ
ピーッ
キキ
ギャ
有什麼來了……
ガサ……
ガサ
ガサ
※窸窸窣窣

啊！嚇死我了!!
啊！我也嚇死!!
動物不知受到什麼驚嚇，全部都逃跑了。
會是什麼……
難道是「時光機」!?
※窸窸窣窣
ズルー…
バキ
メリメリ
好像有什麼很大很重的東西在地上拖。
ズル
ズル
樹木跟草…
都被踩得亂七八糟的。
有什麼東西從這裡經過。
是什麼呢…
啊~~
那是!?

人類演化追蹤槍Q&A

Q 舊石器時代遺址中，哪個地方利用貝殼製作的工具數量多過石器？①沖繩 ②本州 ③北海道

A ①沖繩。考古學家在沖繩本島的Sakitari洞遺址中，發現以貝殼製作的工具和貝殼首飾。

在對面的山裡……
有發著紅光的東西……
眼睛!!一定是恐怖大怪獸的眼睛!!
難道是恐龍!?
亂講，恐龍早在人類誕生的幾千萬年前就滅亡了。
那麼那究竟是什麼？
誰知道!!
盡量燒木材驅走野獸。
還有「桃太郎丸子」。
きびだんご
那樣不夠，再多拿出一些道具。
敢來就試試看。
最好還是不要來。

※陽光照射
チュン
チュン
沒睡飽好沒精神啊。
不能使用「竹蜻蜓」嗎？
太好了！
有筷子漂過來。
筷子漂在水上很奇怪嗎？
不過就木頭。
這證明在河流上游有人住啊！
一定有村莊在那裡。
快點!!
喂！等等我啊。
大雄，快點！快點！

人類演化追蹤槍Q&A

Q 在日本的時代劃分中，緊接著舊石器時代的是新石器時代。這是真的嗎？

是村落!!
向村人打聽一下，說不定有人知道線索。
喂——有人嗎？

A 假的。舊石器時代後，緊接著的是大約一萬六千年前開始的繩文時代。日本的時代劃分並沒有新石器時代。

Q 繩文人的祖先是從東南亞遠渡而來的南方系人類。這是真的嗎？

A 假的。專家認為不只是南方系，從大陸各地區過來的人類在日本混血，最後誕生出繩文人。

Q 多虧貝塚，考古學家才能在日本找到繩文時代的人骨化石。這是真的嗎？

八岐大蛇大人，我們在今晚獻上祭品，
請您放過村子一馬。
快逃!!再不快點，大蛇要出來啦。
大蛇真的會來嗎……
都是你在女孩子面前逞英雄，
說要負責打倒大蛇才會變成這樣！

A 真的。日本大多屬於酸性土壤，不容易留下骨骼化石，貝塚中貝殼的鈣質保護人類骨骼不受侵蝕。

人類演化追蹤槍Q&A

Q 在進入農耕時代前，繩文人種植以下哪種作物？①玉米 ②栗子 ③麥子

A ②栗子。考古學家從繩文人聚落中發現許多栗子花粉，推斷繩文人在導入農耕前已種植栗子樹。

躲到草叢裡。
我想應該沒用。
※沙、沙、沙
走了嗎？
噓！牠四處在找我們。
啊！
是「時光機」！
還有「怪獸球」!!
原來是按到八岐大蛇的按鈕了。
一定是猴子不小心按到的。
※嘶～

人類演化追蹤槍Q&A

Q 彌生時代的「彌生」取自發現該時代遺址的人名。這是真的嗎？

假的。彌生時代的土器是在東京都文京區彌生貝塚中發現的，其與繩文時代的文物明顯不同，因此取名彌生時代。

定居日本的智人

人類橫越歐亞大陸抵達日本的三大路線

人類究竟在何時首次踏上日本的土地？專家認為直立人（原人）大約一百八十萬年前離開非洲，他們是首批離開非洲的人類。他們也曾來到亞洲，考古學家發現了爪哇猿人和北京猿人的化石。過去日本曾經傳說有「明石原人」的存在，但現在已遭否定，專家並未找到原人確實存在的證據。

根據遺址的挖掘調查結果，第一批住在日本的人類是三萬八千年前以後的智人。在六萬年前離開非洲的智人，在五到四萬年前進入東南亞與東亞。他們來到日本絕非不可能。

令人玩味的是，他們如何橫渡海洋？事實上當時適逢冰期，海平面比現在低一百公尺左右。陸地比現在大，本州、四國、九州為一整塊陸地；北海道雖然離本州很遠，但有陸地相連。由於這個緣故，即使只有手划槳的原始木舟，也能橫渡海洋，抵達日本。此外，考古學家在這個時期（舊石器時代後期）的遺址中發現豐富多樣的石器，顯示智人擁有不同的文化特徵，也佐證了如上圖所示，智人沿著三個不同路線分批多次抵達日本的理論。

插圖／佐藤諭

▲智人是沿著西伯利亞～北海道、朝鮮半島～日本本島、台灣～琉球群島等三條路線進入日本？

◀刀刃磨得銳利的石斧是日本特有的技術。

攝影／大橋賢 拍攝協助／日本國立科學博物館

插圖／佐藤諭

▲舊石器時代的人類為了獵捕動物四處遷徙生活。

舊石器時代的日本人過著遷徙生活？

除了沖繩之外，日本其他地方幾乎沒發現舊石器時代（繩文時代以前）的人骨化石。不過，卻在全國各地發現許多遺址，其中五百處是三萬多年前留下來的。根據遺址的調查結果，舊石器時代的人類沿著三大路線進入日本，其中從朝鮮半島經由對馬海峽橫渡海洋的路徑，是最古老的路線。

從三萬八千年前之後，朝鮮半島來到北九州一帶的人類，足跡擴及南九州、四國、本州的東海地方附近。他們使用這個時代前所未有的獨創石器，例如以砥石磨利刀刃的石斧（刃部磨製石斧），在槍的前端安裝類似一字型螺絲起子的石器（梯形石器）等。此外，他們住在帳篷般的簡易住所，住所呈圓形配置，過著集體生活。為了獵捕動物四處遷徙生活，考古學家也發現他們使用陷阱捕捉獵物的遺跡。

特別專欄

沖繩是古人骨骼化石的寶庫！

日本土壤大多為酸性，遠古人類的骨骼化石很難保存下來。有鑑於此，從北海道到九州，只有濱北根堅遺址（靜岡縣）發現過舊石器時代的人骨化石。

不過，唯一的例外是琉球群島。奄美大島以南的島嶼遍布珊瑚礁所形成的石灰岩（鹼性），較容易保存人骨。包括3萬7千年前左右的人骨「山下町洞人」（日本發現最古老的人骨）在內，琉球群島發現了許多舊石器時代的人骨化石。目前仍在進行調查研究的白保竿根田原洞穴遺址，規模在全亞洲數一數二，備受各界注目。

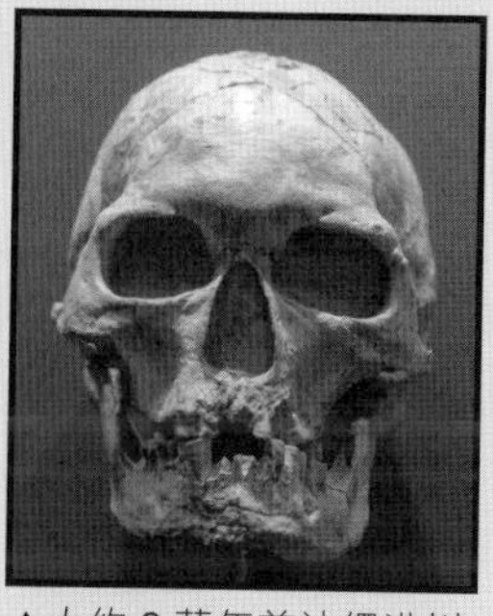

▲大約 2 萬年前沖繩港川人的頭骨。

攝影／大橋賢 拍攝協助／日本國立科學博物館

繩文人與彌生人和平的融為一體

拜豐富的自然資源所賜，繩文人過著穩定的定居生活

舊石器時代的人類開始在日本生活時，適逢地球的末次冰期。最寒冷的時間點為兩萬三千年前左右，當時日本的年平均氣溫比現在約低攝氏七度。直到一萬八千年前左右，寒冷氣候才逐漸趨緩，開始變得暖和。森林從針葉林轉變為麻櫟樹、枹櫟樹等落葉和常綠闊葉林，野豬和鹿等動物增加，取代了偏好寒冷氣候的日本納瑪象與駝鹿，環境也隨之改變。到了一萬六千年前，繩文時代開始。

skipinof/PIXTA

▲繩文人居住的豎穴式住居範例。

繩文時代最大的特徵就是使用帶有草繩花紋圖案的繩文土器。發明這些土器的繩文人究竟是從何而來？過去專家認為從亞洲大陸南方過來的人類擴及日本全國，形成繩文文化圈。但現在根據DNA的研究結果，發現繩文人並非同一族群，而是舊石器時代來自大陸各地的人類在日本混血，成為繩文人。

此外，聽到繩文人這個名詞，一般人可能會聯想到體格粗壯強健的感覺。事實上，初期繩文人體型纖瘦，後來受到地球暖化、自然物資豐沛與果實、動物的肉、魚貝海鮮等豐富食材影響，攝取足夠的營養，才改變了體型。

▲形狀充滿藝術性的火焰型繩文土器。

▲繩文時代的土偶。可能是驅魔用？

拍攝協助／日本國立科學博物館

為日本帶來稻作文化的渡來系彌生人

繩文時代大約持續了一萬三千年，稻作農耕在三千年前左右普及，展開了彌生時代。

◀稻作農耕文化是隨著從大陸過來的渡來系彌生人進入到日本境內的，渡來系彌生人與繩文人和平相處，快樂的共同生活著。

插圖／佐藤諭

從大陸經由朝鮮半島來到日本的渡來系彌生人，為日本帶來了稻作農耕的文化。不過，沒有任何證據顯示，繩文人與新來的渡來系彌生人之間，曾經發生過任何重大紛爭。因此專家推定兩者應該是處於漸進式和平融合的狀態。

也或許是因為繩文人過著獵捕野生動物、採集植物的生活，棲息於山區；從事稻作的彌生人則生活在易於開墾水田的平原地帶，兩者生存在不同區域，才能維持和平。此外，雖然自然資源豐富，一整年都能吃到山珍海味，但無法大量攝取。稻作只有收穫期才能吃到高熱量的米飯，前期需要半年的時間種植，遇到惡劣的天候影響，也可能導致歉收。

兩個族群彼此截長補短，穩定食物來源，也使得兩者之間的交流越來越頻繁，自然而然的融為一體。

特別專欄

鄂霍次克人與愛奴人之間的關係

渡來系彌生人的後代隨著稻作農耕文化遍布日本各地，卻都不曾進入過北海道。

學界一直認為繩文人的後裔是愛奴人的起源，不過，根據 DNA 研究，發現有些愛奴人與堪察加半島的原住民擁有共同基因。堪察加半島的原住民被認為與曾居住在鄂霍次克海沿岸的海洋漁獵民族鄂霍次克人有關。就連將棕熊視為聖物供奉的習俗，也與鄂霍次克文化相通。

由此可見，愛奴人與歐亞大陸東北部的人類關係較為密切。

彌生時代的人類 建構日本人生活型態的原點

渡來系彌生人為日本帶來稻作農耕文化，他們首先移居九州北部一帶，再慢慢擴大生活範圍。誠如前頁所說，繩文人並未遭到渡來系彌生人滅絕，應該說繩文人接受了渡來系彌生人。最好的證據就是包括學習打獵和捕魚等技術，獲取稻米之外的食物，以及興建房屋、祭祀等生活文化在內，彌生時代承襲了許多繩文時代的風俗與習慣。從繩文時代承襲的文化，與彌生時代的新文化相互融合，在彌生時代建構了日本人生活型態的原點。

J6HQL/PIXTA

▲架高式建築。彌生時代的穀物倉庫。

一般若聽到彌生人，都會聯想到身高比繩文人高，輪廓較淺、臉型較長的外型。這就是渡來系彌生人的特徵。比較出土的骨頭化石，會發現繩文人與渡來系彌生人的骨骼型態有許多差異。舉例來說，繩文人四肢骨骼肌肉發達，體型較為粗壯。

根據推斷，繩文人男性身高平均值比渡來系彌生人矮五公分，女性矮兩公分左右。此外，繩文人的牙齒比渡來系彌生人小，上顎形狀也不同。目前無法得知彌生時代有多少人從大陸進入日本，但稻米收穫量多，可以有效攝取高熱量食物，熱量使用率也較好，使得渡來系彌生人可能生下比繩文人更多的後代。從事稻作的渡來系彌生人越來越多，與繩文人的通婚混血的情形也更加常見。最後導致日本人彌生化現象。

當然，並非日本全國都陷入彌生化狀態。日本國土南北細長，氣溫差異很大，許多地方不適合種稻。這些繩文人不與渡來系彌生人通婚，維持繩文系的特徵。這樣的人在彌生時代不算少數。

▼彌生時代十分貴重的青銅鏡。

▼銅鐸。有可能是祭祀用的？

拍攝協助／日本國立科學博物館

人類火車

大雄，你的電話！
媽媽在叫你耶！
喔！我來了。
究竟是誰啊？
不知道。
有什麼事啊？
我怎麼知道？
大雄！
我叫你就要趕快過來啊！
你在做什麼？
沒事啦！
喂？是胖虎啊。
對了！我忘記我跟你約好了。
我得趕快去。
如果惹他生氣的話，下場會很慘。

人類演化追蹤槍Q&A

Q 人類最早在什麼時候遠渡南太平洋島嶼？①約四萬年前 ②約兩萬年前 ③約六千到三千年前

我想想…
這邊是捷徑？還是那邊比較快呢？
真傷腦筋。
你為什麼那麼慢才來!?
你知道我為什麼叫你來嗎!?
是為了這次運動會的兩人三腳練習。
我的籤運不好，竟然跟你分到同一組。
我無論如何都要贏。可是你卻是學校裡面最遲鈍的人。
只要好好練習不就行了。
我會好好練習，別生氣。
喊口號，一、二、一、二。
笨蛋，腳步要一致啦！

A ③約六千到三千年前。專家認為智人在此時期進入南太平洋。

人類演化追蹤槍Q&A

Q 在關東生活的人類，到了哪個時代基因結構與現在相同？①彌生時代 ②平安時代 ③鎌倉時代

A ③鎌倉時代。繩文人與渡來系彌生人融合步調十分緩慢，關東直到鎌倉時代還有許多繩文人。

人類演化追蹤槍Q&A

Q 最先抵達南美大陸的人類來自何處？①非洲 ②北美大陸 ③南太平洋島嶼

A

②北美大陸。從西伯利亞走過當時相連的白令陸橋，經由北美大陸抵達南美大陸。

遍布全球的智人社會

新的人類大遷徙 帶來大航海時代與工業革命

考古學家在東南亞與澳洲，找到非洲與中東以外最古老的智人骨骼化石。在馬來西亞的尼亞洞出土的人骨「深頭骨」來自於四萬兩千年前左右。澳洲也有發現超過四萬年前的人骨化石，是大約六萬年前離開非洲的智人，歷經一萬數千年來到澳洲。另一方面，往北進入歐亞大陸的族群也比過去預測的還早，大約在四萬五千年前抵達西伯利亞。之後，大約在三萬到一萬五千年前穿越當時與大陸相連的白令陸橋，進入北美大陸。

影像提供／Shutterstock

▲「發現」新大陸的哥倫布。

一開始最先遍布世界各地的智人為狩獵採集民族，為了覓食走遍全世界。後來受到地球暖化影響，開始農耕生活，人口才逐漸增加，並轉型為農耕民族，擴大生活範圍。

之後，隨著時代演進，十五世紀邁入大航海時代，智人為追求經濟發展展開大遷徙。歐洲人往南北美洲（新大陸）、亞洲、非洲前進，獲取龐大財富。此現象引發了十八世紀後期的工業革命。以煤炭為燃料的蒸汽火車問世，不久之後，改以石油作為最新的動力來源，進一步加速了人類的遷徙速度與擴大範圍。

▼蒸汽火車加速了交通發展的腳步。

影像提供／Shutterstock

從多樣化邁向均質化的智人

初期猿人離開森林進入草原，展開了人類的偉大之旅。誕生於非洲的人類從一百八十萬年前以後擴散至歐亞大陸（原人）。大約在二十萬年前登場的智人走出非洲，正式寫下以地球為舞台的人類遷徙與擴散史。這一路的過程已經在前面有詳細的介紹，後來經歷大航海時代，工業革命使得人類開始以經濟發展為目的，這類型的人類遷徙與擴散至今仍方興未艾。

jumoobo／Shutterstock.com

▲飛機縮短了全世界的距離。

人類的擴散可以分成「集體擴散」與「文化擴散」兩大面向。集體擴散指的是人類進入未開發的土地，驅逐原本住在那裡的居民，擴大自己的勢力範圍；文化擴散指的則是讓當地居民接受外來技術與文化。話說回來，文化擴散會促進人與人之間的交流，從結論來看，其帶來的影響會被人類遷徙的浪潮所淹沒。

狩獵採集民族完成初期擴散之後，通常會看到農耕文化的擴散，使得這兩大面向合而為一。大航海時代以後也是同樣的道理。除了有歐洲人入侵原住民居住的地區，建立新國家的例子之外，也有像明治維新時期的日本一樣引進西方文明，大幅改變社會型態。過去人類的擴散創造出地區固有的社會與文化，但現在隨著交通工具發達、資訊與通訊技術高度化，人類得以跨越國家與地區的藩籬，邁向社會性與文化性的均質化。不僅如此，跨國婚姻也有助於促進基因的均一化。人類的遷徙與擴散之旅未來將持續下去。

▼跨國婚姻讓人類邁向了基因均一化的道路？

插圖／佐藤諭

DNA解開人類的起源與進化

DNA分析解開人類進化之謎

　過去人類演化的研究著重在古代人類的骨骼化石與食器，從遺址出土的文物為主體。DNA分析為這個領域的研究帶來革命性的創新。DNA（去氧核醣核酸）是位於細胞核與粒線體內的高分子化合物，如左圖所示的核酸序列中記錄著基因資訊，稱為「生物設計圖」。DNA是由父母遺傳給小孩，但在複製DNA的時候，很可能會受到化學物質、放射線的影響，導致核酸序列置換或部分消失等異常現象。

　這類的複製錯誤稱為「突變」。人類的DNA有許多這類變異，只要回溯變異，就能找到共同祖先，了解祖先在何時產生分支，釐清人類進化與擴散的歷史。不僅如此，基因也包含與生物特徵相關的資訊，因此只要研究古代人類的骨骼DNA，就能推估古代人類的長相與外型。

日本國立科學博物館的研究團隊，調查在北海道禮文島船舶遺址找到的女性繩文人骨骼化石DNA，從與長相有關的基因推定其外觀，並試著恢復原貌（下方照片）。根據DNA分析推估的特徵重現女子長相，發現她的膚色較深，有雀斑，眼睛為褐色，頭髮較細微捲。DNA分析成功重現了無法從骨骼得知的繩文人真面目。

插圖／左藤俞

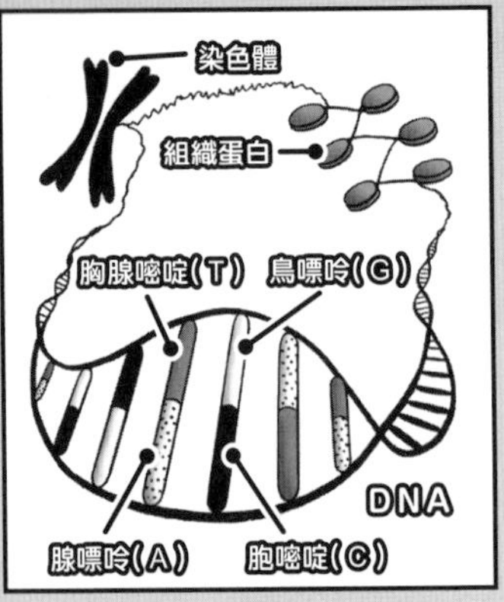

▲DNA。在雙股螺旋結構之間，4種鹽基2個一組排列成梯子狀。

▼日本國立科學博物館研究團隊從繩文人骨骼（右：船舶遺址）的DNA資訊，重現臉部復原像（左）。

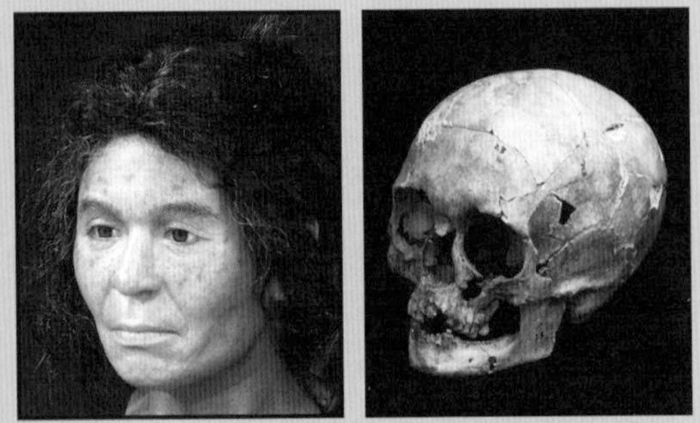

影像提供／日本國立科學博物館　頭骨收藏／日本禮文町教育委員會

DNA研究的進展 打開自然人類學的新頁

到目前為止，DNA的分析大致上分成研究粒線體DNA、Y染色體DNA，以及研究部分細胞核DNA等三種方法（請參照第一二四頁）。細胞核DNA記錄著人類所有的基因資訊，裡面排列著大約三十億對的DNA；粒線體DNA的序列較短，約為一萬六千對，比較容易分析。

影像提供／Illumina KK

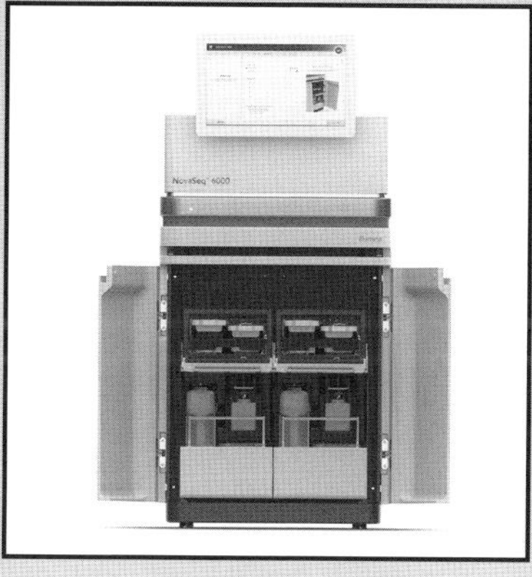

▲最新的次世代定序儀器，只要一天就能解讀個人所有的DNA序列。

話說回來，若是要詳細調查人類的演化與擴散史，只要能夠得到細胞核DNA的所有資訊，就能夠事半功倍。而令人振奮的是，這樣的時代很快就會到來。

可以高速解讀人類所有的DNA序列的次世代定序技術正積極發展，首次解讀個人所有DNA序列的「人類基因組計劃」在經歷超過十年的努力之後，終於在二〇〇三年完成。如今只要短短一天就能完全解讀個人所有的DNA序列。

特別專欄

3D 電腦斷層掃描打開化石研究的未來

化石研究領域不斷引進最新技術，X 光線電腦斷層掃描裝置就是其中一例。電腦斷層掃描使用 X 光線拍攝被攝體的剖面，再透過電腦處理釐清構造。只要拍攝物體的整體電腦斷層掃描，就能數據化 3D 立體圖像。運用這個技術就可以在數位空間中重現出土的頭骨化石標本構造，或是在電腦上復原骨骼碎片。此外，還可以透過 3D 列印技術製造出與原本化石一模一樣的複製品。

▲頭骨化石在進行電腦斷層掃描的情景。

影像提供／河野禮子

智人將走向何方？

人類從繁榮與滅亡的歷史中獲得什麼啟發？

人類攝取的食物中，含有豐富的碳水化合物，提供活動所需主要熱量來源的食物稱為「主食」。各地區的主食不同，大多數為穀物或芋薯類。其中禾本科植物的果實，包括稻米、小麥以及玉米被並稱為「世界三大穀物」，全世界人口的三分之二左右都以此為主食。

人類從一萬年前左右開始種植穀物，地球暖化為農耕創造了優質環境。農耕為人類帶來穩定的食物來源，地球人口因此急遽增加。

距今約九千年前，地球人口只有五百萬人左右。到了約兩千年前，增加至兩億到四億人口。原本仰賴大自然的狩獵採集生活，轉變至以人工方式改變大自然、主動創造食物的農耕與畜牧生活，為人類帶來許多好處。另一方面，這個轉變也增加了土地和勞動力的重要性。同時帶來貧富差距、統治者與被統治者的身分差異。

統治者為了擴大勢力範圍，不斷的開發與侵略。只要參考過去輝煌一時的羅馬帝國歷史，就能看到開發與侵略的後果。與其他國家大動干戈、內亂、人口增加、氣候變遷帶來的糧食危機等因素，使得羅馬帝國日漸衰退，最後招致滅亡。

繁榮與滅亡的重複循環，之後也在世界各地不斷發生。為了爭奪領土發動戰爭或引起紛爭，如今仍時有所聞。貧戶差距也是現代社會的嚴峻課題。人類在這一萬年之間到底獲得什麼啟發？我們人類未來又要走向何方？

影像提供／Shutterstock

▲古代超級大國羅馬帝國最後在混亂與分裂中崩落，消失在歷史的舞台。

全世界人類都是智人

目前全世界人口超過七十六億，今後預計仍會逐漸增加。如此龐大的人口數只有一種人類，也就是智人。最初的人類是在大約七百萬年前，從與黑猩猩的共同祖先分支出來，在智人誕生之前也出現過許多種人類，但後來全都滅絕了。

雖然同樣都是人類，但有時我們也會用「人種」來區分，甚至從中產生歧視。通常都是以身體特徵的差異分類人種，膚色就是其中之一。不過，這類差異是誕生於非洲的智人在擴散到全世界的過程中，因應不同環境而出現的改變，沒有優劣等級之分。最重要的是，膚色是連續性的變化，不可能劃清界線。我們無法用這類特質區分人類，既然無法從科學層面定義，自然人類學並不會使用「人種」這樣的詞彙。

特別專欄

DNA 的研究進展到哪裡了？

醫療界持續解讀許多人的 DNA，不僅用來釐清基因與疾病之間的關係，也為了研發新藥。人類學家利用這些 DNA 資料，探索人類如何擴散至全世界。

另一方面，從古代人類骨骼化石抽取 DNA 進行解讀的研究也日新月異。專家正在分析 4 萬多年前的智人，與 7～6 萬年前的尼安德塔人 DNA。若是保存狀態良好，40 萬年前的古人骨骼中也會殘留可以解讀的 DNA，DNA 研究將能為解開人類進化之謎帶來極大貢獻。

影像提供／Shutterstock

Curioso/Shutterstock.com

◀上圖為非洲肯亞的馬賽人，下圖為南美洲的玻利維亞人。雖然容貌不同，但大家都是智人。

後記 人類祖先的故事

日本國立科學博物館副館長暨人類研究部長
篠田謙一

一九五五年出生，京都大學理學部畢業。醫學博士。分析從日本與全球遺址出土的人骨DNA（遺傳資訊），是研究日本人起源、世界人類起源與演化過程的第一把交椅。

各位是否曾經想過，我們究竟是何時來到自己生長的土地？有爸爸、有媽媽，才有了我們。爸爸與媽媽也有他們自己的爸爸與媽媽，也就是我們的爺爺奶奶、外公外婆。相信一定有許多人問過自己的父母在哪裡出生，有過怎樣的成長歷程，還能問爺爺奶奶、外公外婆有關他們父母的事情。許多人都是在這種情形下，知道一百年前自己的祖先發生的事情，若有相關書信，還能知道更早以前的狀況。歷史就是調查這些來龍去脈的學問。

話說回來，若是發生在遠古時代，文字尚未發明前的事情，我們又該如何了解？人類學就是研究這類歷史的學問，調查人類來自於什麼樣的生物，或日本人從何而來。研究對象是人類的祖先化石。

影像提供／Shutterstock

根據過去的研究結果，我們已知人類是大約七百萬年前，從大猩猩、黑猩猩族群分支出來，發生地點就在非洲。人類與其他動物最大的區別，在於人類是十分聰明的動物。正因為人類的大腦比其他動物的效能更高，所以我們會說話、寫字與計算。我忍不住猜測我們的祖先從一開始大腦就很發達，因此才從大猩猩和黑猩猩分支出來。不過，實際研究化石卻發現，人類祖先的大腦在數百萬年前時，大小跟黑猩猩差不多。當時的人類稱為猿人，他們與黑猩猩最大的不同就是直立雙足行走。專家認為直立雙足行走是成為人類最具決定性也最重要的演變。

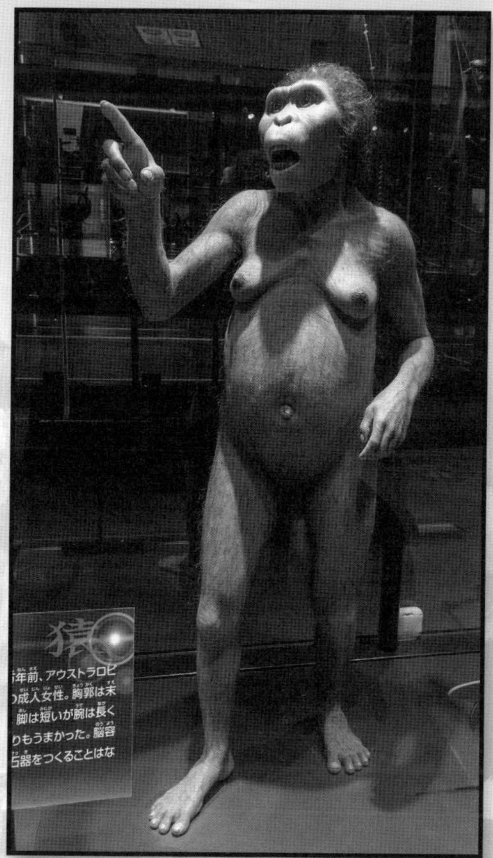
猿
年前、アウストラロピ
成人女性。胸郭は末
脚は短いが腕は長く
りもうまかった。脳容
器をつくることはな

▲ 名為露西， 生存於大約 320 萬年前的阿法南猿復原像。考古學家挖出全身骨骼的 40%，人骨特徵顯示阿法南猿為直立雙足行走，屬於重大發現。

攝影／大橋賢　拍攝協助／日本國立科學博物館

直到兩百五十萬年前，猿人近親出現了腦容量較大的族群。這個時期的人類稱為原人，腦容量僅有現代人的三分之二。儘管如此，人類演化成原人後，才開始走出非洲。相信各位一定聽過北京猿人這個人種，他們是抵達亞洲的原人族群。之後世界各地誕生了許多人類，但後來都滅絕了。二十萬年前，非洲出現了外型樣貌和現代人相同的智人。長久以來他們只住在非洲，六萬年前才離開非洲，走向全世界。最初離開非洲的人類只有幾千人，如今非洲以外的人

▲ 尼安德塔人的復原像。擁有粗壯的身體和較大的腦容量，現代人也承襲了一部分尼安德塔人的 DNA。

攝影／大橋賢　拍攝協助／日本國立科學博物館

類全都是這個族群的後代。他們在世界各地開枝散葉，建立不同的社會，大約四萬年前第一次登上日本列島。

最近不只是化石，從人類ＤＮＡ的研究結果也能釐清許多事實。人類的ＤＮＡ繼承自祖先，分析ＤＮＡ可以了解我們的祖先。隨著科技進步，二十世紀末期我們終於掌握了解讀ＤＮＡ的關鍵技術，也解開了許多謎題。

除了智人之外，還有六十萬年前分支的尼安德塔人。尼安德塔人主要居住在歐洲和中東，他們在智人（現代人的祖先）離開非洲後消失了蹤影，學界認為尼安德塔人滅絕了。不過，ＤＮＡ研究結果卻顯示，現代人繼承了尼安德塔人的ＤＮＡ。換句話說，尼安德塔人也是現代人的祖先之一。今後ＤＮＡ研究將繼續告訴我們關於我們祖先的故事。

ＤＮＡ是人體的設計圖，只要仔細研究一定能了解更多差異。如今我們已經知道幾千萬年前的人類頭髮和肌膚是什麼顏色，對於從未謀面的祖先，也很清楚其外型樣貌、罹患過什麼疾病。這些都是二十一世紀之後，發明了新機器才有辦法確實掌握的資訊。未來我們將繼續研究，發明更厲害的機器、改良更精準的實驗方法，即使沒有哆啦Ａ夢的祕密道具，也能了解更多細節。衷心期待這類的研究將在不久的未來由閱讀本書的各位親自執行。

哆啦A夢科學任意門 ⑲

人類演化追蹤槍

- 漫畫／藤子・F・不二雄
- 原書名／ドラえもん科学ワールド── 人類進化の不思議
- 日文版審訂／ Fujiko Pro、河野禮子（慶應義塾大學準教授）
- 日文版撰文／瀧田義博、窪內裕、丹羽毅、甲谷保和、芳野真彌
- 日文版版面設計／ bi-rize　● 日文版封面設計／有泉勝一（Timemachine）
- 日文版編輯／ Fujiko Pro、菊池徹

- 翻譯／游韻馨
- 台灣版審訂／吳聲海

發行人／王榮文
出版發行／遠流出版事業股份有限公司
地址：104005 台北市中山北路一段 11 號 13 樓
電話：(02)2571-0297　傳真：(02)2571-0197　郵撥：0189456-1
著作權顧問／蕭雄淋律師

【參考文獻】
《人類進化大研究 了解 700 萬年的歷史》（河野禮子／ PHP 研究所）《人類進化與大遷徙》（Ian Tattersall, Rob DeSalle, Patricia J. Wynne ／西村書店）《What on Earth Happened?》（Christopher Lloyd ／文藝春秋）《日本人的祖先們》（篠田謙一／ NHK Books）《智人的誕生與擴散》（篠田謙一／洋泉社）《圖解智人的歷史》（人類史研究會／寶島社）《從 DNA 闡述日本人起源論》（篠田謙一／岩波書店）《日本人從何而來？》（海部陽介／文藝春秋）《有趣到讓人睡不著的人類進化》（左卷健男／ PHP 研究所）《別冊日經 Science 邁向人類之路》（篠田謙一／日經 Science）《日經 Science》《科學人》《國家地理》《科學雜誌電子版》 日本國立科學博物館官網 美國國立自然史博物館官網

2019 年 6 月 1 日 初版一刷　2024 年 6 月 5 日 二版二刷

定價／新台幣 350 元（缺頁或破損的書，請寄回更換）

ISBN 978-626-361-497-0

YLib 遠流博識網 http://www.ylib.com E-mail:ylib@ylib.com

◎日本小學館正式授權台灣中文版

- 發行所／台灣小學館股份有限公司
- 總經理／齋藤滿
- 產品經理／黃馨瑝
- 責任編輯／李宗幸
- 美術編輯／蘇彩金

國家圖書館出版品預行編目（CIP）資料

百變天氣放映機 / 藤子・F・不二雄漫畫；日本小學館編輯撰文；游韻馨翻譯．-- 二版．-- 台北市：遠流出版事業股份有限公司，2024.4

面；　公分．--（哆啦A夢科學任意門；19）

譯自：ドラえもん科学ワールド：人類進化の不思議

ISBN 978-626-361-497-0（平裝）

1.CST: 人類演化　2.CST: 漫畫

391.6　113000962

※ 本書為 2018 年日本小學館出版的《人類進化の不思議》台灣中文版，在台灣經重新審閱、編輯後發行，因此少部分內容與日文版不同，特此聲明。